老子新编

胡列扬 编著

上海三联书店

内容提要

　　《老子新编》,以全新视角,审视郭简、帛书和有影响的世传本,打破定势,执于经义,审视字、词、句、章,删除了一些滋生字、词、句,调整了某些语序、章序,精简了百余字。将《老子》81章和68章布局,调整为74章,划分12个单元。每个单元,以论道开元,述德收冠。以雄辩事实,否定《道德经》有道经和德经的分野。批驳了某些矮化老子的庸俗观;涤除了儒家褊狭的仁爱观、致远的二维视界、由古及今的推演,归复老子的天道观、致高的三维视界、由今及古的推演;校正了后世某些道家观,揭示了经文中隐藏的质能守恒与转化原理。

　　《老子新编》,以道为经,以德为纬,将老子传授的自然哲学、政治道德哲学和处世之道,呈现在读者面前;将老子的宇宙起源、万物创生、社会学,宇宙观、人生观、认识论、方法论逐步展开;将法道治国、修德养生、和光同尘理念,道与德、官与民、有与无、动与静、刚与柔、强与弱的辩证关系,从人文伦理、科学原理等维度,科学呈现,详尽论述,贴近原经,品出真味,析出新意。将【帛书】【王本】置于章首,对比【析异】,融合成【新编】,另辟【注释】【意译】【品析】栏,是汉、晋以来的颠覆性重构,为《老子》爱好者研读《老子》开辟了探幽寻芳之蹊径。

目 录

《老子新编》序 ·· 001

《老子新编》概述 ······································· 001

第 1 单元　立道正源　治国安民

第一章　有无玄同　入道之门 ···················· 003

第二章　为道守中　极端有害 ···················· 010

第三章　依道施政　富民固本 ···················· 016

第 2 单元　谷神不死　和光同尘

第四章　道冲不盈　谷神不死 ···················· 023

第五章　天地不仁　圣人博爱 ···················· 029

第六章　不为自生　才能长生 ···················· 033

第七章　上善若水　处下不争 ···················· 037

第八章　法道抱一　无离合道 ···················· 041

第九章　有之为利　无之为用 ···················· 047

第十章　去奢抱朴　为民造福 ···················· 051

第十一章　修道贵身　可托天下 ················· 054

第 3 单元　道象恢宏　静心修炼

第十二章　执今之道　以御今有 ················· 061

第十三章　善为道者　微妙玄通 ················· 065

第十四章　致虚守静　悟道知常 ················· 069

第十五章　取信于民　道德归心 ················· 073

第十六章　失道世乱　绝学无忧 ················· 075

第十七章　行于大道　超然物外 ················· 081

第 4 单元　孔德之容　唯道是从

第十八章　道隐虚无　精真信实 ················· 087

第十九章　唯曲能全　为道易明 ················· 090

第二十章　修道得道　离道失足 ················· 093

第二十一章　企者不立　夸者不明 ················· 096

第二十二章　知不知尚　不知知病 ················· 099

第 5 单元　道法自然　法道无为

第二十三章　道法自然　法道自然 ················· 107

第二十四章　坚守大道　深根固柢 ················· 110

第二十五章　圣人为道　救人救物 ················· 114

第二十六章　为天下谷　复归于朴 ················· 118

第二十七章　为者败之　执者失之 ················· 122

第二十八章　兵强不道　不道早已 ················· 125

第二十九章　兵者不祥　溢美不道 ················· 129

第三十章　守道无为　万物自宾 ················· 133

第6单元 弘道之象 功德千秋

第三十一章 不自为大 能成其大 ………………………………… 139
第三十二章 弘扬大道 天下利往 ………………………………… 141
第三十三章 欲擒故纵 微妙玄深 ………………………………… 144
第三十四章 道恒无为 守道自化 ………………………………… 147
第三十五章 失道后德 失义后礼 ………………………………… 150

第7单元 道生万物 道不废界

第三十六章 道生万物 物抱阴阳 ………………………………… 157
第三十七章 反者道动 弱者道用 ………………………………… 161
第三十八章 得一者兴 失一者衰 ………………………………… 165
第三十九章 闻道践行 善始善终 ………………………………… 168
第四十章 知足不辱 知止不殆 …………………………………… 172

第8单元 天下有道 人心自朴

第四十一章 天下有道 走马以粪 ………………………………… 177
第四十二章 尊道无为 事事从容 ………………………………… 180
第四十三章 为学日益 闻道日损 ………………………………… 183
第四十四章 圣人无心 民心为心 ………………………………… 186
第四十五章 尊道摄生 绝处有生 ………………………………… 189
第四十六章 以静制动 天下归正 ………………………………… 193

第9单元　尊道贵德　万物和鸣

第四十七章　尊道贵德　物阜民丰 ················· 199

第四十八章　用道元光　点亮心灯 ················· 202

第四十九章　行于大道　唯迆是畏 ················· 205

第五十章　以正治国　无事民富 ··················· 208

第五十一章　福倚祸伏　正复奇生 ················· 212

第五十二章　道莅天下　其鬼不神 ················· 215

第五十三章　国际交往　大者宜下 ················· 218

第五十四章　珍啬积德　长久之道 ················· 222

第10单元　以道治国　无事自威

第五十五章　道贵无价　须臾不离 ················· 227

第五十六章　图难于易　为大于细 ················· 230

第五十七章　为于未有　治于未乱 ················· 233

第五十八章　善建不拔　善抱不脱 ················· 236

第五十九章　修道培德　鸟兽无欺 ················· 239

第六十章　挫锐解纷　和光同尘 ··················· 243

第11单元　以道化民　天下归心

第六十一章　善为道者　以道化民 ················· 249

第六十二章　江海处下　圣人处后 ················· 253

第六十三章　慈俭不先　天将建之 ················· 256

第六十四章　尊道善为　谋势无痕 ················· 259

第六十五章　天网恢恢　疏而不失 ················· 264

第六十六章　民不畏威　威莅天下 …………………………… 267

第六十七章　君王无道　民众轻死 …………………………… 270

第六十八章　强大处下　柔弱处上 …………………………… 276

第 12 单元　天人合道　天地归正

第六十九章　天道和中　人道造极 …………………………… 283

第七十章　弱之胜强　柔之胜刚 …………………………… 286

第七十一章　有德司契　无德司彻 …………………………… 289

第七十二章　抱朴守拙　安居乐俗 …………………………… 292

第七十三章　天道不害　人道不争 …………………………… 296

第七十四章　圣人孤独　被褐怀玉 …………………………… 299

参考书 …………………………………………………… 303

《老子新编》序

　　王禹偁《日长简仲咸》有诗句云："子美集开诗世界，伯阳书见道根源。""子美诗"到宋代大兴，于是有千家注杜；"伯阳书"为道家"圣经"，观严灵峰所编《老子集成》，也是千家注老，难以穷尽。至于"道根源"，可谓仁者见仁，智者见智，或探"秘"，或解"谜"，天光云景，异彩纷呈。汉人严君平为扬雄师，撰《老子指归》，引《庄子》语"变化所由，道德为母，效经列首，天地为象"，以为"智者见其经效，则通乎天地之数、阴阳之纪、夫妇之配、父子之亲、君臣之仪，万物敷矣"。后扬子为《太玄经》，以《老》证《易》，抑或其师以《易》解《老》的承继。太史公书征史实，却于《老子韩非列传》中假托孔子语"见老子，其犹龙"，范仲淹援此典故写了篇《老子犹龙赋》，说"昔老氏以观妙虚极，栖真浑元，握道枢而不测，譬龙德而弥尊……岂不以神龙之举也，其变无穷；圣人之道也，无幽不通"。正因为《老子》五千言"其变无穷"，历代注《老》难有定论；也因其"无幽不通"，诸家释义也各有千秋。

　　近读胡列扬先生（山水闲人）新撰《老子新编》，既惊其异于前人之甚远，又赞其解《老》析文之创新。胪述其要：自成《老子新编》，以辩驳《帛本》《王本》之淆误，这是一个方面的创新。河上公始以八十一章标以题目，《老子新编》除每章标题，又整合八十一章为十二单元七十四章，如第一单元统摄前三章，立名"立道正源，治国安民"，以此涵括内容，钩玄提要；《老子新编》，涤除儒家褊狭的仁爱观，致远的二维视界,由古及今的不合理推演,回归老子的天道观,致高的三维视界,由今及古的科学推演,这是第二个方面的创新。作者每章先以《帛本》《王本》并举,继以"析异""注释""意译"与"品析",先辨析文本,属于辨"古";再得其大义,属于明"今",这是第三方面的创新。该书的精气神,更多寄寓于每章的"品析"栏,这既因为撰述者研究科学出身,且学有成就,又施之以悲天悯人的情怀,所以其中以现代科学解《老》与关注国计民生的现代意识,实为第四方面的创新,也堪称最引人瞩目的新意所在。

老子说"信言不美,美言不信",闲人虽以"闲心"析《老》,辨误求真,制心执著;孔子说"依于仁,游于艺",闲人又以"仁心"治《老》,品析游艺,又见洒脱。我读此《老子新编》之文,颇敬畏,亦爱之,聊撰数语以为序。

许结于辛丑盛夏

《老子新编》概述

一、老子其人

中国人,对历史名人的尊称,都是姓氏缀"子",如孔子、庄子、墨子、孟子……唯独老子不然,冠以"老"字。老,并非特指《道德经》旷世之作成于晚年,更是对老子道学思想的敬畏,崇高地位的敬仰,道德范式的肯定。

老子姓李,名耳,字聃,曰谥伯阳,春秋末期(公元前 571 年)生于陈国苦县。今属安徽涡阳,还是河南鹿邑?老子无疑是安徽涡阳人,有圣母和尹喜葬于涡阳为证。尹喜墓已毁,但有出土文物。

尹喜是老子大弟子,他临终前对家人说:祖师晚年为了弘道,仙逝他乡,我死后要代祖师为高祖母守墓。

原始社会崩溃后,人类逐渐离道,社会生态严重失衡。为此,周公创建礼制。老子作为周王室收藏室官长,前期理想就是要恢复周室往日的荣耀,以光复周王室为己任,一心向礼,成为那个时代的礼学大师。孔子曾多次向老子问礼。然而周室后人,为继承权,血腥搏杀,毁了礼制。残酷的现实,击碎了老子的大梦。他在周室经历了从崇尚礼制到抛弃礼制一心求道的嬗变。

公元前520年,因为姬贵和姬朝兄弟俩为王室继承权,血腥搏杀,毁了数百年积淀下来的宝贵史料,老子成了王室搏弈的替罪羊,被解雇回到家乡。老子在家乡蛰伏了20余年,升华了道学思想,于公元前486年,一路西行入秦,在楼观完成《道德经》后,告别尹喜,足遍周至,埋骨周至。

学术界普遍认为老子西行入秦是归隐。这种说法,既不符合事实,也不符合逻辑。

中原是中华文化的发祥地,老子为何舍近求远,前往文化相对落后的秦国呢?目的只有一个:为天下苍生立命,弘扬大道。

"大隐隐于市,小隐隐于野。"老子若真是归隐,他会终老老君山;他若真是归隐,不会暴露行迹;他若真是归隐,就不会广收弟子(秦地杰出弟子多人);他若真是归隐,倾注了几十年心血所创立的道学、拯救天下的夙愿,岂不付诸东流!

老子西去入秦,应该是敬重秦人先祖之德,看清历史演化的大趋势。他从秦人先祖为周室养马封疆起兴,到护卫周平王东迁、为周王室护边、为周王室收复失地还于周王室等重大历史事件中,预判秦人将得天下。秦人思想开放,容易接纳新思想,新观念。中原人有天生优越感,称外地人为蛮夷,守旧排他。老子道学思想,上层人物心知肚明,却束之高阁。从老子"我言甚易知,甚易行。天下莫不知,莫能行。知我者稀,则我者贵"的感言中,不难知晓,中原无道场,令老子心寒。

二、旷世奇书

公元前486年,西行入秦的老子,来到灵宝函谷关,受关令尹喜真诚之请,在终南楼观那盏光焰黯淡的青灯下,刻写出不朽的《道德经》,后人尊称《老子》。

老子大手笔,以道经天,以德纬地,横绝古今,玄奥无极,广博精微,涉及宇宙起源、万物创生、治国安邦、修身养德,包含宇宙观、人生观、认识论、方法论。提出了系列震古烁今的真见,堪称华夏智慧奇书。

道贯穿老子哲学思想体系,也是中国哲学的最高纲领。老子认为道先天地生,道生养万物、主宰万物;道是万物的本源,也是万物的本体。人所要做的就是要合乎道,将生命本真不断地向道归根复命。大道精妙在有与无循环往复中、在是与不是之间若隐若现。老子伟大就在于他通过有限认知,用道将宇宙天地万物紧密地联系在一起,建立了完善的哲学思想体系,找到了万物之母,万有之源。老子用哲学语言,描绘宇宙蓝图和人世间的美好愿景。

老子站在道德至高点,用睿智的目光审视着人类现实的矛盾与荒谬,批评人类理智的浅薄与愚昧。告诫世人要懂得超越自身的有限性,体悟万物存在的必然性。学会用道的观点理解宇宙,洞察人生,化解社会矛盾,在宥天下。"人法地,地法天,天法道,道法自然。"

用道的观点看世界,承认万物存在的合理性,防止人类理智的狂妄与僭越。人类的理智是褊狭的,习惯用一个标准否定另一个标准,用一个逻辑否定另一个逻辑,将自己的观点强加于人,容易导致独断专横,使世界丧失多样性,万物失去天然个性。由于人类过度开发,导致大量物种灭绝。这是人道对天道的冒犯,妄为对本真的凌辱,文化对自然的虐杀。

老子的自然哲学观有三大要义:一是对大自然的热爱。老子认为,天道高于人道,自然世界比人类社会更真实,更伟大,更久远,更公正合理。"天之道,损有余以奉不足,人之道,损不足而奉有余。"告诫世人不要破坏自然和谐。天籁之声,是自然万物的和鸣,比任何人为而发、为我而作的音乐都更加真实地表现了宇宙生命的律动。人只有和光同尘,乘乎天均,托命大道,把自己融入自然之中,与天地交心,才能找到生命的真谛。二是对自由个性的礼赞。老子认为,万物都是大道之子,一切存在都是合理的,真实的,不要过分拔高人类而歧视或排斥其他。让万物按其天性存在和发展,"夫莫自令而恒自然。"否则,破坏了万物的天性,就会出现生态灾难。三是对个体生命的珍重。老子提倡贵身,善摄生,讲致虚守静,去奢去泰,致柔于婴儿,知荣守辱,复归于朴。

老子独创的道学思想,对中国哲学发展产生了广泛而深远的影响,其思想核心是朴素的辩证法。在政治上,主张无为而治、不言之教;在权术上,讲述物极必反之理;在修身方面,提出少私寡欲、虚心实腹、不与人争的善下观,是道家性命双修的始祖。

德国哲学家尼采称赞《老子》:像一口永不枯竭的井泉。诺贝尔文学获得者赫尔曼·赫塞说:我们现在需要的智慧,都藏在老子的书中。西方世界有这样的共识,《道德经》和《圣经》并驾齐驱,都是人的思想行为的经典。德国自18世纪以来,盛行着一种说法:左手一本《圣经》,右手一本《道德经》,你将无往而不胜。鲁迅先生说:"不读《道德经》一书,不知中国文化,不知人生真谛"。据联合国教科文组织统计,在被译成外国文字发行的世界名著中,《道德经》发行量排第二,仅次于《圣经》。

三、闲人闲语

老子暮年入秦,在楼观始著《老子》。耄耋之年老子,在竹简上刻写繁琐古字,有些吃紧,多数内容可能是老子口述,尹喜刻录整理。前来楼观求道者,不是高官,便是修道名士,或社会名流,他们整理出的经文,成为世传本的不同母本。

《老子》原经,失传已久,原因不明。随着出土文献不断见世,先秦或汉代手抄本,经专家整理,陆续出版。对比世传本,古本年代越久与传本差异越大。郭店楚墓简(郭简),为公元前 4 世纪摘抄本,内容与传本相应章内容差异最大,罕见有儒家观;长沙马王堆出土的帛书甲、乙本,甲本是公元前 3 世纪前期手抄本,乙本是公元前 3 世纪后期手抄本,难见有儒家观。

对比古本和世传本,不难发现,经文不断演变,经义基本不变。摘录若干章开篇语:

版本	章节经文摘要
郭简	16　　至虚,恒业。守中,笃也。万物方作,居以须复也。天道圆圆,各复其根。
帛书	致虚极也,守静笃也。万物并作,吾以观其复也。夫物芸芸,各复归其根。
王本	致虚极,守静笃。万物并作,吾以观其复。夫物芸芸,各复归其根。
郭简	64　　其安也,易持也。其未兆也,易谋也。其脆也,易判也,其微也,易剪也。
帛书	其安也,易持也,其未兆也,易谋也,其脆也,易破也,其微也,易散也。
王本	其安易持,其未兆易谋,其脆易泮,其微易散。

闲人怀质抱情,抖胆对世本《老子》经文作些调整,凝成《老子新编》,虽然异于各本,但经义更贴近原经。

对待出土古本和传本,既不能认为出土古本自战国以来对中华文明毫无影响而漠然处之,也不能因为传本影响深远,知错不改。本着经义至上原则,博取众长,集成新编。

1. 版本章序

《道德经》是浑然一体? 还是有道经和德经之分? 世传《老子》,

有道经和德经分与合两种版本。《道德经》,道是纲,德是目,道与德血肉相连,相交相融。经书各章,要么谈道,要么论德,要么道、德兼论,不存在道经和德经分界线。

据传,河上公以阴阳最大数九为据,取其积,将经文分为81章。也有学者将其分为68章(如曹魏学者魏源的《老子本义》、元朝学者吴澄的《道德真经注》)。本《老子新编》划分74章,12单元,每个单元以道开元,以德收冠,谈道论德。

如果原经果真一分为二,必是竹简量大,分而捆扎使然。

帛书把德经放前,道经放后,这和《道德经》书名、经义相矛盾。道高于德,"孔德之容,唯道是从。"经文以"道,可道,非恒道;名,可名,非恒名"訇然开篇,以"天之道,利而不害;人之道,为而不争"收官,以论道开经,论道收官,天衣无缝。从讲座角度思考,宜将第70章作结尾篇。"吾言甚易知,甚易行,天下莫不知,莫能行"是针对全经而言。

现有各家版本章序都有瑕疵。譬如第二单元,先论道义,后论天地,再论人生。第5、6两章顺序必须调整,"谷神不死,是谓天地根",顺第4章"道冲"之象而来,和第4章无缝衔接,适宜归为一章,"天地不仁"到"天长地久",顺理成为前后章。再如39、40、41、42、43五章,文脉不顺。老子必然先讲一的精髓,再讲得一之兴、失一之衰,不会反序而论。其他章序也然,不再赘言。章序、语序凌乱,也许和古简散乱、后人整理有关。

《老子新编》对传本章序调整,汇总如下:

版本	四	五	六	七	八	九	十	十一	十二	十三	十四	十五	十六	十七	十八	十九	二十	二一
新编	四	五	六	七	八	九	十	十一	十二	十三	十四	十五	十六	十七	十八	十九	二十	二一
帛书	4	5	7	8	9	11	12	13	14	15	16	17	18	19	21	22	23	24
王本	6	5	7	8	10	11	12	13	14	15	16	17	18	20	21	22	23	24
新编	二二	二三	二四	二五	二六	二七	二八	二九	三十	三一	三二	三三	三四	三五	三六	三七	三八	三九
帛书	73/33	25	26	27	28	29	30	31	32	34	35	36	37	38	42	43/41	39	40
王本	71/33	25	26	27	28	29	30	31	32	34	35	36	37	38	42	43/40	39	41
新编	四十	四一	四二	四三	四四	四五	四六	四七	四八	四九	五十	五一	五二	五三	五四	五五	五六	五七
帛书	44	46	47	48	49	50	45	51	52	53	57	58	60	61	59	62	63	64
王本	44	46	47	48	49	50	45	51	52	53	57	58	60	61	59	62	63	64
新编	五八	五九	六十	六一	六二	六三	六四	六五	六六	六七	六八	六九	七十	七一	七二	七三	七四	
帛书	54	55	56	65	66	69	70/71	75	74	77/76	78	78	80	81	67	68	72	
王本	54	55	56	65	66	67	68/69	73	72	75/74	76	77	78	79	80	81	70	

2. 近义浅析

古本与传本中有些文字、词语互异，是近义字词替换，也与汉文化演化、著者用语习惯有关。如国与邦、恒与常、倾与盈、民与人、不与弗。学术界认为是回避帝名所致。避帝名之说不必全信。避帝名之说，既不符合实际，也不合情理。

汉高祖、汉文帝，尊崇黄老，把无为而治思想定为基本国策，他们会因己名而改经文吗？

裘锡圭认为唐代文人为避唐太宗李世民，将经中"民"改"人"。此说若能成立，为何经文中"渊"字不避？李唐王朝崇奉老子为远祖，李渊讲道大佛小，唐高宗追封老子为太上玄元皇帝。作为老子后裔因己名而改圣祖经文，可能吗！文人要改，皇家也会制止。

再如"弗""不"，裘锡圭认为，汉朝人为避昭帝"弗陵"，弃"弗"用"不"。昭帝是汉武帝幼子，传本中有"有德司契，无德司彻"语，为何不避武帝刘彻？

"弗"字，王本仅第 2 章用了 2 次，其他处都用"不"，王弼是避还是不避？

再如"盈"字，王本第 2 章用"倾"字，若是避景帝刘盈名，4、9、15、22、39、45 章中共有 8 个"盈"字，为何不避？王弼是西晋时期人，汉家帝王已为松下尘，还要回避吗？

第 2 章的"高下相盈"与"高下相倾"，显然是用语习惯或看问题角度不同使然。

帛书甲、乙相关语中近义字，都有所不同。如：甲"唯与诃，相去几何"，乙"唯与呵，相去几何"；甲"大道废，案有仁义"乙"大道废，安有仁义"。

譬如帛书第 71 章三句中的"无敌"，在古代可能是多义词，指无敌于天下或轻敌之意。不然就不会有"祸莫大于无敌，无敌几丧吾宝"文字。如今适宜这样表述："乃无敌""祸莫大于轻敌，轻敌几丧吾宝"。

3. 观念辨析

郭简、帛书儒家观念罕见，传本渗透了不少儒家观念。

① 仁与不仁　老子、孔子都讲仁，但观念有别。孔子讲："克己复礼为仁"，既说"仁者爱人"，又说"唯女子与小人难养也"；老子讲："天地不仁，以万物为刍狗。"老子的天道观，一视同仁，孔子的人道观，厚此薄彼。王本第8章是"予善仁"，帛书是"予善天"。

② 致远与致高　孔子讲致远，老子讲致高。致远是二维视界，致高是三维视界。第64章，王本是"千里之行，始于足下"，帛书是"百仞之高，始于足下"。经文中老子用树木、垒台、登高比兴，说修道、治国如同登高，一步一层天。致远与"其出弥远，其知弥少"相冲突。纵览天下有名道观，几乎都建在人迹罕至的绝顶之上。应该是建观道长尊经义之为。

③ 执古与执今　老子尚古不拘泥于古，今事清晰，古事模糊，由古推今未必严谨。孔子尚古，"克己复礼为仁。一日克己复礼，天下归仁焉！"王本秉持儒家观："执古之道，以御今之有"；帛书是"执今之道，以御今之有"。

④ 无为与无不为　老子讲"无为而无以为"，王本是"无为而无不为"，与老子哲学思想相冲突。无不为不符合辩证法。无以为是顺势而为，这叫"善行无辙迹""百姓皆谓我自然"。

4. 境界高下

《老子》原经大开大阖，境界高远，传本修改降低了经文境界。

如第12章，帛书"是以圣人之治也，为腹而不为目"，说圣人治天下为实不为虚；王本无"之治也"，局限于个人生活。

第15章，帛书是"古之善为道者"，从7个层面论述善为道"为妙玄通，深不可测"，以"保此道者不欲盈，故能敝不新成"总结，用"道"恰当；王本是"古之善为士者""保此道者不欲盈，故能敝不新成”，前文用士，后文用道，首尾不能相顾。士者有学问，境界未必高。

第 65 章，帛书以"故曰：为道者"开篇，顺 64 章经义，涵盖古今为道者。王本把"故"改为"古"，只言古人善为道，收窄了经文视界。

第 81 章结尾，帛书是"人之道，为而不争"，王本在"人"前加"圣"字，将道局限于精英阶层，与老子普世观不相符。

5. 经文逻辑

第 1 章，王本是"无名天地之始，有名万物之母"，所有版本《老子》此两句中都有"名"字，从如下断句分析，可看出瑕疵。

"无名，万物之始也，有名，万物之母也。"[1]（注：[1]为书末参考书序号）"无名天地之始，有名万物之母。"[2]"无，名天地之始，有，名万物之母。"[14]

物名源于人，无人万物无名；人若没有进化为智人，万物还是无名。无人万物有没有母？该段文字中，原经未必有"名"字。

"万物"外延有别。言道"万物"包括天地，如 1、4、34、40 章；言器"万物"不包括天地，如 2、6、8、32 章。首章是《老子》总纲，将"天地""万物"对举论述，逻辑混乱。

第 25 章，郭简、帛书都无"周行而不殆"语，原经必无此语。王本错将万物循环往复移植于道。道不像任何物质，老子曰："似不肖，若肖久矣其细也夫"。

原第 39 章，王本有"万物得一以生""万物无以生将恐灭"句。天、地、神、谷、侯王是种概念，万物是属概念。

第 48 章，王本是"为道日损"，帛书是"闻道日损"。为道是遵循规律办事，还"损之又损"，不合逻辑！闻道是修道，寻找规律，删繁就简，去枝强干，损之又损，才能拨云见日。

6. 语序章句

语序和语句问题。先谈语序，再论语句。《老子新编》（以下简称

【新编】)对经文有些语序进行了调整,出于文理逻辑思考。

第10章,所有版本《老子》都是倒叙,思维跳度大,领悟有难度。【新编】顺延第9章结尾句"天之道",将论述天道内容前挪,再从论道转为论人,改疑问句为陈述句。

第57章,圣人话语零乱。自化、自正、自朴是精神层面,无事是修道后的觉醒,是无为之为。【新编】将"我无事而民自富"与"我无欲而民自朴"前后对调。

语句方面,王本往往滋生有悖经义内容。

第10和第51两章论道,王本都有"为而不恃"句,道恒无为,讲道"为而不恃"不妥。

第23章王本后缀"信不足焉,有不信焉",该章阐述修道境界,不是信和不信所能概括。

第24章王本"跨者不行"是滋生语。老子曰:"其出弥远,其知弥少",不会写"跨者不行"。

第30章王本在"师之所处,荆棘生焉"后,添加"大军过后,必有凶年"句。大军鏖战之后,凄凉凋敝,荆棘丛生,不闻鸡犬声,这种场景还不够凶吗?

第73章,王本多出"是以圣人犹难之"(此语出自63章),63章说圣人把易事当难事做,73章主要讲"勇于敢"和"勇于不敢",粘贴不上。

7. 文字准确性

第9章,传本有"揣而锐之""揣而棁之"语。棁,短木,锐,利器,把利器、短木揣在怀里干嘛?"盈之""而骄"描述形态或心态,"锐之""棁之"言器物,原经可能是"揣而兑之"。兑、悦相通,【新编】用悦字。

帛书是"金玉盈室",王本是"金玉满堂"。堂,大、正、显、明,用于会客、祭祀。室,小、偏、隐、暗,供卧居、贮藏用。谁会把财宝放在大堂显酷?

第 41 章"上德若谷,大白若辱,广德若不足,建德若揄,质真若渝。大方无隅",以"上德""大白""广德""建德""质真"起句,层次凌乱。"质直""质真"与"上德""广德""建德"不合拍;和"大白若辱"更不合拍;河本是"质直而渝",郭简、帛书、王本是"质真而渝",真和直是德的异体字"惪"误用。【新编】改用"德"。

第 53 章,帛书是"唯迆是畏",王本是"唯施是畏"。迆,形容词,曲折连绵,喻指邪道;施,动词。南怀瑾先生说:"施是布施,要知道布施很可怕……"[5]。

第 81 章,帛书是"善者不多,多者不善",善者乐善好施;王本是"善者不辩,辩者不善"。老子曰:"希言自然",他会把"辩"字写入经文吗?

8. 学者偏见

有些学者好断章取义,曲解经义,又好自见,说老子愚民,不重实践,是唯心论者,是阴谋论鼻祖,眷恋小国寡民,开历史倒车。道启心智,德正品行,老子为天下浑心,恒善救人救物。探究终极真理,无法实践,理论思考能叫唯心?为执政者提供策略能叫阴谋?陈述少数民族风情能叫开历史倒车?老子心中,国无大小,人无贵贱,怎么会独恋小国呢!

再如"绝学无忧"一语的解读,南怀瑾先生说:"'绝学无忧'做起来很难。绝学就是不要一切学问,什么知识都不执著,人生只凭自然。"[4]"绝学无忧"句,前有"大道废,安有仁义……,后有……我独异于人,我贵食母"表述,当指要学绝世之学,"绝世之学"是指道学,和"为往圣继绝学"一语相通。道学难道不是学问?老子会自我设陷?

道德原经失传久矣。古往今来《老子》探究者,坐井观天,注释经文,难释大象,闲人也然,所辑《老子新编》,仅供参考。

杭州外国语学校退休教师

山水闲人 2021 年春于黄山

第 1 单元

立道正源　治国安民

第 1 单元是全经基石。首章立道，指明悟道途径，第 2 章讲治国策略，第 3 章讲安民之术。字里行间闪耀着道家真人积极救世的大爱思想光辉。

第一章　有无玄同　入道之门

【帛书】1. 道，可道也，非恒道也。名，可名也，非恒名也。无名，万物之始也；有名，万物之母也。故恒无欲也，以观其妙；恒有欲也，以观其徼。两者同出，异名同谓。玄之又玄，众妙之门。

【王本】1. 道可道，非常道；名可名，非常名。无名天地之始，有名万物之母。故常无，欲以观其妙；常有，欲以观其徼。此两者，同出而异名，同谓之玄。玄之又玄，众妙之门。

【析异】1. "恒""常"之异。甲骨文 ，指月亮在天永久运行。常与裳古时通用，常是巾代裳中衣，相当于现代连衣裙，含平常意。修饰哲学概念或强调某对象时，帛书用"恒"，如"恒道""恒善""恒无欲"；从修道中获得认知则用"常"，如"知常曰明""知足常乐"。恒与常是包含关系 。裘锡圭将"恒"作平常理解。平常之道，用不着老子投入毕生精力去追求、去弘扬。领悟恒道，要从常道入门，"图难于其易，为大于其细。"闻道日损，损之又损。

帛书恒有 26 个，常有 9 个，王本全用常。用恒修饰德不妥。德有社会性，随人的认知水平和社会性质而变。【新编】除第廿六章（即第 28 章）外，其余章和帛书恒、常一致。

2. "万物""天地"之异。"万物"全经出现 16 次，外延有别。言道"万物"包括天地，如 1、4、34、40 等章；言器"万物"不包括天地，如

2、6、8、32 等章。

3. "两者同出,异名同谓""此两者同出而异名,同谓之玄"之异。帛书精练。

4. 世传本 3、4 两句有断句之异:"无名,万物之始也,有名,万物之母也"[1]"无名天地之始,有名万物之母"[2]"无,名天地之始,有,名万物之母"[14]。

无是万物虚隐混沌状态,有是万物实显结构状态。宇宙万物无不处于虚实无有交替变化之中。无能生出有,有复归于无。"无名"说得通,"有名"不妥,物名源于人。无人万物无名,人若没有进化到智人,万物还是无名。无名万物有没有母?当然有!原经该段文字可能无"名"字介入。

读《老子》宜用系统观思考分析。譬如:"无名,万物之始;有名,万物之母。故恒无欲也,以观其妙;恒有欲,以观其徼",下文中"同"是指无名和有名,还是指恒无和恒有?舍去"名",才能用"两者同出,异名同位"概括得当。

有无有双重内涵。哲学上的有无和日常生活中的有无,有本质区别,两者是形而上与形而下的关系。凡是具体物质最终都会化为无,从古到今出现了多少物种?消失了多少物种?旧的物种消失了,新的物种不断出现,这叫恒有。恒有终归于"故恒无"。

"同出"指无和有同源,都源于道。无中含有,有中含无,无是看不见的有。真空不空,真空含万有。"异名同谓",针对形而上的。有和无仅称呼不同,同等重要,不可厚此薄彼。

【新编】道,可道,非恒道;名,可名,非恒名①。无,万物之始,有,万物之母②。故恒无,欲以观其妙;恒有,欲以观其徼③。两者同出,异名同谓。玄之又玄,众妙之门④。

【注释】① 道,可道,非恒道;名,可名,非恒名。道,本义指路,引申为言说、一般原理、普遍真理。可说的道,可称的名,没有恒常性。恒道,指自然永恒道理;可道,指一般道理或政教之道;可名,指器物或礼制。道无恒名。"吾不知其名,强字之曰道,强名之曰大。"道不可说,弘道又不能不说,只能从常道说起。

道,宜从三个层面理解:一是哲学层面。玄妙之道,难以言表,言语道断;能说清楚的道理,是被人们掌握了的平常道理。二是政治层面。执政者高举替天行道大旗,把太上开创的盛世,治理得一塌糊涂。三是学术层面。老子是说不要把他的话当成真理,道的精髓远在文字外。

② 始、母:始,受孕形成胚胎叫本始;养育期女性称为母。虚无对应始,实有对应母。虚无是万物生命密码组合阶段,称为始;实有是万物处于显性状态,称为母。始和母喻指道运作下物质的不同状态。

③ 欲、妙、徼:欲,可作想法、就能讲;妙,少女怀春,妙不可言,喻指奥秘;徼,一般指边界,这里指事物特征。着眼物质的隐性状态去探究,就能看清万物演化的无穷奥秘,从物质的显性状态去考察,就能看清万物的个性特征。

④ 玄之又玄,众妙之门:玄,本义指深黑,喻指奥妙;门,认识途径。万物从隐性到显性,显性物质化虚无,虚无生万有,不可穷尽。有无转化从属于道,是认识道的不二法门,凝成八字真言:玄之又玄,众妙之门。

【意译】生养宇宙万物的道,玄妙幽深,无法言表,能够说得明明白白的,那不是永恒的道;叫得出名的都没有永恒性。本无是万物的原始状态,妙有是万物的实体状态。我就是通过恒无和恒有这两种状态,观察道在养育万物、主宰万物过程中领悟的。无和有同源同宗,弄清了有无辩证关系,就悟道了。无和有是认识一切事物和研究问题的两条根本途径。

【品析】本章是《老子》总纲。老子从宇宙本源入手,提出了道、名、无、有四个哲学概念。名是虚拟概念,道、无、有内涵深奥,都难以言表,尤其是道。

领悟《老子》经义，要有大的视野，需要联系老子时代背景，弄清写经目的，重视文字，不可拘泥于文字；要有整体观、系统观，将上下文和各章贯通起来，不困于本本。老子行文，大开大阖，乍看文已断，却有经义连。

老子晚年处于春秋战国转变前夜，天下无道，大国灭小国，如同汤浇雪，战火纷飞，民不聊生。秦地是他弘道的理想之地。可惜秦的后人不道，应验了"不道早已"的真言。

老子认为道是万物的本源。老子伟大就在于，能从玄道中建立完整哲学体系，为后人树起了精神支柱，点亮了智慧心灯。修道就是追求普遍真理。先有道之理，而后有物之体，这是老子立道为万物之源的客观基础。

道是老子用来阐述天地万物运行和转化的总规律的哲学概念，并上升到理念高度，成为一种信仰。为什么道难弄懂？难在道，只可意会，不可言表。道，看不见，听不到，摸不着，说不得（言语道断），道是隐性之物，如同人体中的经络经气。经络经气是客观存在的，是中医理论的基础，神奇针灸疗法，就是调理经络经气的医学奇葩，目前还没有科学仪器能够检测到经气。幸在老子是天才思想家，能在知之甚少的基础上，建立起道的哲学思想体系。

道有天道和人道之分。天道和人道（自然道理和人文伦理），贯穿道德全经。天道无为，人道有以为。道很抽象，老子往往用德阐述道，借助圣人言行加以表述，使抽象的道具体化。圣人言行合道。世人向圣人学习，修道积德，为而不争，达到天人合一境界。

老子为什么用"道，可道，非恒道，名，可名，非恒名"开经呢？联系老子毕生从事的工作性质，联系春秋历史，思考这句破空而来的真言就不难。

周人得天下后，周公为了巩固利益集团统治，创建礼制。到老子时代，已经过去了五百多年。周人迷恋礼制，认为他们施政就是替天行道。士者奉迎，高唱礼制赞歌，周天子陶醉其中。老子在周王室长期供职,纵观天下鼎沸、天怒人怨的现实,目睹周王室衰败现状,悟出了治世道理,独创道的学说。老子本人由礼制践行者转变为礼制的掘墓人。

老子认为不平等礼制不会长久,唯有道永恒。道太抽象,法象太大,不易被人们把握。道大无名,弘道又不能无名,"强字之曰道"。道不可说,我不说这个不可说,别人也会说。要说这个不可说的东西,该怎么说呢? 还得从可道之道讲起。

求道不可拘泥于名相,在恒有实相中领悟道体的虚无,在恒无虚境中揣摩大道成就万物的真谛。实物有形有状,道无形无状。道很抽象,老子只形象陈述,不下定义。陈述的不是道本身,虽说不是,却和道有着必然联系。字面上意思不是真意,真意远在文字外。

老子善于运用对比手法,深入浅出。无、恒无,讲无为,无为你会看到道的演化玄妙;有、恒有,讲有以为,有以为你所看到的是万象缤纷。天地间一切都来自于无,又复归于无。无和有没有本质区别,听起来玄乎其玄,却是认识大道的不二法门。老子在此为人们修道悟道,提供了清晰的路径:从恒有和恒无中体悟。把有无的生灭及其转化规律弄清楚就入道了。

老子伟大就在于他发现了被世人轻看的"无",挖掘出"无"的哲学价值,从无中看出生生不息的无限可能,比科学家认知早了两千多年,并把"无"升华为哲学理念,总结出"无为无以为"的方法论,提出了"有之以为利,无之以为用"的价值观。

现实世界可以直观感知,虚无世界只能心灵默会。联想天地创生的源头,易知有无同宗同源,互为生灭,静心观察恒无和恒有的生灭与转化,加以体悟。

老子笔下的无,不是空无,是有的隐性形态,蕴藏无限。"无"的内涵丰富,魅力四射。"无"是无法直接感知的天然之物,是真实的有,实有和虚无相互转化。

人类曾经认为天空空空。后来人们才逐渐清醒,真空不空,真空蕴藏着无限能量,一切虚无都被证实为有,发现了空气,发现了大气压,发现了万有引力定律,发现了电磁波,发现了电子、质子、中子、量子……人们逐渐明白,空间有结构,能弯曲,能收缩,新物质不断涌现:宇宙射线、宇宙背景辐射、暗物质、暗能量、真空能量……不断丰富着无的内容。

宇宙万物起源于奇点大爆炸,无和有统一于奇点。奇点直径 10^{-35} m,它既是无,也是有!恒有中什么实物也没有,是恒无,而宇宙中的一切实体,都来自这个恒无。奇点随量子涨落起爆,炸出了时空,炸出了基本粒子、高能射线,高能射线生粒子,粒子湮灭成射线……夸克合成核子,氢聚变生出新元素,元素聚成星云,星云凝聚形成星体……

仰望星空,俯视大地,物种无数,大小无极,其大无外,其小无内。我们的宇宙之光狂奔了数百亿年,人类已经发现了 4000 多亿个星系,每个星系含有几百亿至几万亿颗星星。18 世纪原子不可分的观点深入人心,直到从原子内跑出电子以后,人们才意识到原子也是可分的。现代人类可以操纵原子,打碎原子,制造反粒子。从茫茫宇宙,到渺渺微观,生生灭灭的有形万物,只占总物质量的百分之几。虚空生物质,又复归于虚空。这一切运行规律毫无例外地遵道而行。科学研究成果不断深化着无与有的哲学意义,不断丰富无与有的内涵。

公元前 486 年的某天,艳阳西斜,满天霞紫,尹喜眼睛一亮,一位白发老者,骑着青牛,来到关前,他知道,他渴望的圣人到了。当尹喜得知,顺紫气东来的圣人是周室老子时,不胜欣喜。尹喜出关,奉迎老子,问候老子,试探询问:"先生认为道是万物的本源吗?""道生混元之气,混元之气产生阴阳,阴阳混合而生万物,它们既无形存在,又按一定法则运作,延绵不断,无穷无尽。"尹喜说:先生乃当今圣人也!圣人者不以一己之智,窃为己有,而为天下人浑心开智。何不将先生之智著成书?喜虽浅陋,愿弃官求学,追随先生。老子见尹喜谦逊而虔诚,便答应了尹喜的请求。尹喜辞官,载着老子,驰向他终南山楼观草庐。从此,注定了终南山与道文化相交相融的历史宿命。

终南山,云遮雾罩,终南山楼观那盏光焰黯淡的青灯,伴随着那飘忽不定的山岚雾气,老子刻下了足以让后人景仰和骄傲的 12 个字:道,可道,非恒道;名,可名,非恒名。

第二章　为道守中　极端有害

【帛书】2.天下皆知美之为美,恶矣;皆知善,斯不善矣。有无之相生也,难易之相成也,长短之相形也,高下之相盈也,音声之相和也,先后之相随。恒也!是以圣人居无为之事,行不言之教。万物作而弗始,为而弗恃,功成而弗居。夫唯弗居,是以弗去也。

【王本】2.天下皆知美之为美,斯恶矣。皆知善之为善,斯不善矣。故有无相生,难易相成,长短相较,高下相倾,音声相和,前后相随。是以圣人处无为之事,行不言之教。万物作焉而不辞,生而不有,为而不恃,功成而弗居。夫唯弗居,是以不去。

【析异】1."形与较""盈与倾"之异。专家说弃盈、恒、邦不用,是回避刘邦、刘恒、刘盈之名。【王本】中盈字有9个,仅本章改盈为倾,王弼是魏晋时期人,回避说不通。这和人用语习惯有关。譬如54章,【帛书】用邦,【王本】用国。【新编】弃"盈、倾"而用"呈"。高下无论是有形物体,还是无形态势,一切高下差异,用"呈"更妥。

2."恒也""故""常也"[2]"故……常也"[13]之异。"故"与"常也、恒也",有一均可;全无,文理不顺。文中所举六对范畴,是对论点的论证,用"恒也"顺势作结,恰当。

3.【帛书】本章无"生而不有"句。是遗漏?还是理解偏差?不得而知。这里圣人可指高明统治者(如太上)。他们开创了太平盛世,百业兴旺,厥功至伟,不认为有功。生而不有,可指开创基业,生机勃勃。

4."弗""不"之异。本章帛书全用"弗",王本"不、弗"掺用。帛书突出和强调某内容时用"弗",一般用"不"。【新编】统一用"不"。

5."始""辞"之异。始,源头,作培育理解;辞,是辞别还是不辞辛劳? 用辞不妥。

【新编】天下皆知美之为美①,斯恶已;皆知善之为善,斯不善已。有无相生,难易相成,长短相形,高下相呈,音声②相和,前后相随。恒也! 是以圣人,处无为之事③,行不言之教④。万物作而不始,生而不有,为而不恃⑤,功成而不居。夫唯不居,是以不去。

【注释】① 美:指道德层面。心中唯美,必生喜怒;心中唯善,必生是非;喜怒同根,是非同门。有真善美,就有假丑恶,万事万物,相反相成。

② 音与声:音多指生物发音器官或腔管乐器发出的声响,声由物理作用弄出的声响,如敲打、撞击、摩擦等。这里泛指自然声音。

③ 处无为之事:顺应规律办事。无为是遵循规律的为,无为是老子哲学思想重要基石。无为指方法论,不是指具体事务。做事必须有为,天道酬勤。人们习惯把"无为"和"有为"对举。"无为"和"有为"是交集关系,见图 。A、B表示"无为"和"有为",A 全集是道"无为",B 全集是"有为",C 是人的"无为"。老子著《道德经》,既是无为,也是有为,对应 C 集。老子只讲"有以为",不说"有为"。

④ 不言之教:以行垂范他人行为,以言启人心智,使人心领神会。不言不是不说,而是不乱说,不打妄语,不以师导者身份,责令他人应该怎样,不应该怎样。

⑤ 为而不恃:造福天下,不认为有功德。恃,依赖、依靠。

【意译】强行制定美的标准,让天下人按照他们的标准行事,世态就糟糕了;让天下人都认同他们的行为是善举,世态必堪忧。有无生灭自然循环,难易亲为自明,长短相比顿现,高下相比立判,音声和合融洽,前后更易自然,一切自自然然。有道德修为的人,顺理办事不妄为,以行化人不妄言。培养万物而不以养育者自居;辅助万物成长而不自视有德;功德无量而不居功自傲。正因为圣人不居功自傲,不想成名,反而声名远播。

【品析】本章顺上章文理,运用对比手法,传授政治道德哲学,渗透无为理念。圣人法道守中,不走极端。周王室执政者高擎美善大旗,强制天下人按照他们的"标准"行事,是有以为。有以为好走极端,不合道,"不道早已!"所以老子开篇棒喝:"天下皆知美之为美,斯恶已;皆知善之为善,斯不善已"(顺"道,可道,非恒道"政治层面立论),否定执政者的离道行为,然后列举有无、难易、长短、高下、音声、前后等范畴,讲对立统一规律,再陈述圣人优良品格:不执着,不偏倚,不自私,不占有,不自恃,不傲慢,突出"处无为之事,行不言之教"的主题。圣人有所指,经文不明言,要读经人自己体悟。可能暗指周太公古公亶父(可查阅周太公东迁时感人过程),或高明的统治者,如太上("太上,下知有之"),执政者为当朝天子。高明统治者法道无为,春秋时期天子执政,离道有以为。

美善之论

《老子》吸收了《易经》精华,《易经》以八卦为根基。八卦卦相变化走势与正弦曲线类似。从乾到坤,从坤到乾,万事万物,循环往复,螺旋式发展。事物发展变化在四维时空中展

开,围绕中心永不止息的变化。中心是道制衡万物的归宿,老子曰归根。从乾至坤,由阳到阴的变化;从坤至乾,由阴到阳的变化。无论向哪个方向变化,凡是趋向中心线的方向变化,无论开始是好是坏都

是吉;反之向偏离中心线的方向变化,无论开始是好是坏都是凶。从乾至坤,由乾到震趋向中心线,是吉;由巽到坤背离中心线,是凶;从坤至乾,从坤到巽趋向中心线,是吉;由震到乾远离中心线,是凶。无论从阳到阴,还是由阴到阳,变化趋势向中心线方向就是趋向稳定态势。循道的指引方向变化:归中守一,皆吉!

美和善是古今中外人追求的理想境界,老子为何一反常态,加以否定? 老子看问题全面,看得深,看得透,看得远。老子清楚,统治者从官本位立场出发,制定标准,没有公正性。文王是孔子顶礼膜拜的偶像。文王在世也吃奴隶肉,死后还享受奴隶肉的祭品。文王若是从来不食奴隶肉,他儿子周公旦敢立用奴隶肉祭祀规矩吗(有䏌字为证)? 不平等礼制,孔子一生为之奔走,呼告天下。孔子也食人肉。他曾认为自己身为鲁国大司寇,有资格分享鲁侯祭祖祭品中的人肉,不能分享鲁侯家祭人肉,必有奸人向鲁侯进谗言,所以他潸然离去。有人为孔子此行赋诗:"自从鲁国潸然后,不是奸人即妇人。"

老子不是抹煞善恶界限,善恶不分。经义隐藏在"天下皆知"中。天下皆知美之为美、善之为善,暗指统治者把持话语权,没有言论自由,是走极端,远离中心。强制标准都是离道行为。自周公以来,统治者道德不离口,世风衰败,战争不断,生灵涂炭。天下皆知美之为美、善之为善,分明是在洗脑! 让天下人朝着他们描绘的虚幻世界狂奔。一种声音独霸天下的社会可怕。

上有所好,下必甚焉。楚王好细腰,宫中多饿死。你树美的标准,就会闹出邯郸学步、东施效颦的笑话;你有善的标准,就会有"满口仁义道德,一肚男盗女娼"之流粉墨登场。

老子认为,合乎自然法则的创作是美,合乎人性的行为是善。老子大美无形的美学思想影响深远,深深地烙在中华哲学、诗歌、绘画、书法、雕塑、建筑、音乐、舞蹈等文化艺术之中。其思想光芒闪耀在庄子的人蝶合一哲学里,飞翔在马踏飞燕的雕塑彩云间,流淌在嵇康的《广陵散》旋律中,飘逸在王羲之的《兰亭序》书法里,渗透在陶渊明、李白、王维的诗篇里，萦绕在山水国画的烟云里，凝固在故宫的建筑群里。

无为处事

"有无相生，难易相成，长短相形，高下相呈，音声相和，前后相随"，这些天然范畴，客观存在，既对立，又统一。潜台词：人世间则不然，从君王到普罗大众，重视有，轻视无；张扬长处，回避短处；崇拜高位，鄙视下位；只顾眼前，不计长远；打压他人，抬高自己。圣人之所以圣人，因为他们法道：无为、不言、不始、不恃、不居。圣人治国，无形无名，无事无政。圣人好静、无为、无私、无欲，让民众"自正""自化""自朴""自富"。

"处无为之事"，不是无所事事，不作为，而是顺应自然，按规律办事，不妄为，不蛮干。

领会经义，要分清道为和人为差别。人为对象可分：圣人、侯王、民众、智者四个层次。

道为自然，"利而不害""损有余而奉不足"，是最高境界的无为。圣人无为，"为而不恃""无为故无败，无执故无失"，如上图C集。侯王之为，有合道和不合道之分，合道之为接近圣人，"君子终日行不远辎重"；不合道之为老子称"有以为"，"执者失之，为者败之"。民众之为零乱，"民之从事，恒于几成而败之"，智者之为，机心太重，自以为是，玩人于股掌之上。

白狼山之战，曹操大败袁氏集团于乌桓，只有袁氏兄弟和少数敌酋逃脱，去投辽东太守公孙康。曹操下令班师南归，大将们纷纷请缨追击，以绝祸患。曹操捋着胡须笑着说："此事无需再劳诸位了，公孙康会把袁氏项上人头送给我的！"

十月辽西，寒风凛冽，将士思乡心切，大军南归神速。不日便来到渤海之滨的碣石山下。大海浩渺澄澈，岛屿似螺，洪波涌起，曹操诗兴顿生,《观沧海》绝唱横空出世。行不多日,公孙康果真将袁氏兄弟人头送到。诸将士十分震惊。曹公道:公孙康向来畏忌袁氏兄弟,进逼会促成勾结,撤军待其相残,这有什么奇怪? 曹公上演了无为胜有为的话剧。

第三章　依道施政　富民固本

【帛书】3. 不上贤，使民不争。不贵难得之货，使民不为盗。不见可欲，使民不乱！是以圣人之治也，虚其心，实其腹，弱其志，强其骨；恒使民无知无欲也，使夫智者不敢，弗为而已也，则无不治矣。

【王本】3. 不尚贤，使民不争；不贵难得之货，使民不为盗；不见可欲，使民心不乱。是以圣人之治，虚其心，实其腹，弱其志，强其骨。常使民无知无欲，使夫智者不敢为也，为无为，则无不治。

【析异】1.“使民不乱”“使民心不乱”之异。乱含哄抢或暴乱意。不乱世安。

2.“使夫智者不敢，弗为而已也，则无不治矣”“使夫智者不敢为也，为无为，则无不治”之异。帛书是说好捣乱的人，不敢想、不生事。王本把智者和执政者搅在一起，逻辑混乱。【新编】调整为：“使夫智者不敢、不为，则无不治”。

【新编】不尚贤①，使民②不争。不贵难得之货，使民不为盗。不见可欲③，使民不乱！是以圣人之治：虚其心，实其腹，弱其志，强其骨。恒使民无智无欲④，使夫智者不敢、不为，则无不治。

【注释】① 尚贤：尚，指虚捧；贤，品德高尚。极力虚捧品德高尚的人。

② 民![古字]：古![古字]，指用刀在人脸上刻标记（刺字涂墨）。本文中民

泛指人们。

③ 不见可欲：见通现，指自我炫耀；可欲，可能实现的欲望，如孩子立志当科学家。老子说"不见可欲"，是针对执政者用金钱、美色、权位、尚贤等，乱人心智，挑逗欲望。

④ 无智无欲：无智（【王本】是知），无邪念、无机心；无欲，没有非分之想。知是智的通假字。【王本】中"知"有 49 个，其中有 6 个"知"通智，【新编】将通"智"的"知"全改为智。古代通假字多，如：正（正、政），"正善治"中的正是政；尤（尤、忧），不争无尤中尤是忧；希（希、稀），"希言自然""天下希及之""希有不伤其手"中希都是稀。

【意译】不过分推崇贤人，免得人们激烈竞争；不轻易显露稀世珍宝，免得人们滋生盗窃之心；不过度张扬名利欲望，免得人们铤而走险。有道德修为的人，治理国家、管理民众，百姓衣食无忧；心情舒畅，不生邪念；筋骨强劲，体质强健。让民众尽可能消除偏激的认知和非分之想，让那些捣乱生事的聪明人，不敢想、不滋事，就没有治不好的天下。

【品析】上章讲治世，本章讲安民。执政者用"贤人"治世安民，行不通。针对春秋时期乱象，老子为执政者提供安民方略：虚心实腹，弱志强骨，尊无为之道，修无为之德，尊重贤人，不溺爱贤人，把握好度。

不尚贤 使民不争

尚贤、贵货、见欲都是有以为，都是离道行为，不可能安民富民。

开篇连用三个"不……不……"句式，层层推进，既否定了执政者不切实际的做法，又巧妙地呈现了自己的治国理念；接着描绘了圣人治国安民蓝图。若将三个"不……不……"句式中不去掉便是：尚贤民为争名，一较高下，暗中使诈，奸谋尽出；贵货越过实用，贪婪成为嗜好，凿墙偷珠，玩命偷盗；见欲民必生乱。民众从争名利、偷盗到生乱,天下危如垒卵,根本原因在于为政无方。

"不尚贤,使民不争",是老子幽默,还是感慨?贤:臣为官,又为手,贝为财,上古为官者,用智慧和双手,为天下创造财富,后世为官,名利双收。长沙马王堆出土的金缕衣和富有弹性的尸体,轰动世界。一个地方侯爵竟然有惊动世界的陪葬品,掌握了高超的防腐技术,足见他搜刮民脂民膏手段之辣,养生之厚。老子曰:"善者不多,多者不善"。

君王过分尚贤,重赏之下,必有乔装打扮、滥竽充数、包藏祸心之流粉墨登场。人心最为隐晦,君子、小人难辨。贤人身居高位之后,往往拉帮结派,结党营私,朋比为奸。周初井田制到春秋时期,已经不能适应社会发展需要,兼并激烈,各诸侯王,用重金网罗人才,尚贤养士蔚然成风。王者真心尚贤吗?玩世弄人。即使诚心用贤,动机也不合道,为自己争霸天下服务,不是无事取天下。燕昭王千金买马骨,高筑黄金台,招天下英才,乐毅应招而来。为报答燕昭王知遇之恩,乐毅领兵伐齐,几乎灭了齐国。燕昭王死后,贤人乐毅留下莒、即墨二城,围而不攻,新燕王深知先王之忧,开始掣肘乐毅,逼走乐毅。德彰为争名,智露为争势。德好名为争利,智好胜为争势。德、智是处世两大凶器。标榜仁义,显耀己德,损本性以求声名,诱惑天下人追名逐利。倒行逆施!老子直呼:尚贤社会弊端大。人心险恶,不可不察。

老子认为,人性本无善恶之分,犹如山上雪,纯洁无瑕。社会尚贤之风盛行,就再难保持"无智无欲"的纯洁状态了。犹如山泉,在山则清,出山则浊。如果社会尚贤风气盛行,会激起人们占有欲,天下纷争,岂能不乱!吴起是春秋四大兵圣之一,杀妻求官;易牙为得宠,杀子做肉羹献齐王;有人为得到君王宠信而自宫其身,心态扭曲,丧失人性。

庞涓、李斯都是君王招揽的贤人,鼠肚鸡肠,嫉能妒贤,排挤打压昔日同窗。庞涓险些整死孙膑,李斯假秦王之手,用鸩酒亲手毒死韩非。

不尚贤,不是拒绝贤能,而是用贤不彰,不挑逗天下人欲望。欲字妙，欠指缺少，谷指空虚，因欠缺空虚而生贪念，欲壑难填，人心无足蛇吞象。人受后天影响，易生贪念之心，欲望是纷争的源头。所以老子陡增语气说："不见可欲，使民不乱！"

虚心实腹　弱志强骨

安定民心有妙招："恒使民无智无欲"。对民众进行正面教育，让民众不生妄念，不生贪欲，心正思纯，衣食饱暖，起居无忧。

春秋时期当权者，为了争霸天下，高薪招士、养士，吊天下士者胃口，士者极力兜售口耳之学，鼓动侯王作帝王，两者一拍即合。天下必然是小盗劫货，大盗劫国。

见"恒使民无智无欲""弱其志"等语，有人便说老子反对人们掌握知识，说老子愚民。傅佩荣先生说："让人民没有知识，吃饱喝足，锻炼身体，不需要读书、思考，只要发呆"[9]；王蒙先生说："这一章似乎比较'反动'，这里边有愚民政策的公然宣扬。"[8]老子提醒执政者，对民众加强正面教育，让老百姓不生贪念，不生邪念，不生偷盗之心，放弃争强好胜之志，回归惇朴敦厚状态。道启心智，德正品行，老子为世人浑心，何来愚民之嫌？

老子不反对人的正常欲望，明确提出"实其腹""强其骨"，让老百姓生活有保障，无忧虑，有健康体魄。老子绘制的理想社会图景清晰：人民身体强壮，思想质朴，不贪图物质享受，没有欺诈之心，百姓生活恬淡，心性惇朴童真。老子认为，与天道相契合的社会，比物质文明高度发达却充满欺诈、争斗、谋杀、手足相残的社会更适合人类本性。

尊道无为　世无不治

老子提倡无为，不是不为，而是顺应自然规律，依道而行，不加干涉。无为针对执政者而言,简政爱民,让百姓实腹强身,无欲安心,守纪安分,自享其乐。无为而治,不是海市蜃楼,有实行的可行性和合理性。老子之前有虞舜之治。"舜其大知也与!舜好问而好察迩言,隐其恶而扬其善,执其两端,用其中于民。其斯以为舜乎!"舜的做法很简单:一是询问,二是倾听,三是积极关注,四是除去极端,然后采纳大众意见施政。老子之后有文景之治,贞观之治。高明治世者,治世诀窍藏在繁体聖字里:聖,上有耳有口,下有壬 tǐng(人站立土堆上、欠身)。圣人谦下,以天下为己任,倾听众人言。

老子提倡无为,不排斥有为,反对妄为。不作为如何让智者安分守己?决策者制定国家大政方针要无为,做具体工作要有为,不为怎么能使国泰民安?不但要为,还要殚精竭虑。秦始皇雄才大略,勤于政务。据史书记载:"上至以衡石量书,日夜有呈,不中呈不得休息。"说秦始皇每天处理的竹简奏折,以石(担)计量,一担约 120 斤。秦始皇,躬操文墨,昼断狱,夜读书,善于兼听,集思广益,纳善如流,而后决断。多次远巡,足迹天南地北。修驰道,车同轨,书同文,北筑长城拒夷狄,南开五岭至天涯。

第 2 单元

谷神不死　和光同尘

　　第 2 单元，由道向天地、事物、人类社会演绎。第四章讲道的能量无限，永恒不死，五、六两章讲天地美德，第七章颂赞水德，八至十一章告诫士大夫阶层，以水为镜，向圣人看齐，为无为。该收手时要收手，莫待无路难回头；莫贪身外之物，不要醉生梦死，不要迷恋高位，勤于修道，提升自身道德水准，服务社会，造福民众。

第四章　道冲不盈　谷神不死

【帛书】4. 道盅，而用之又弗盈也。渊呵，似万物之宗。挫其锐，解其芬，和其光，同其尘。湛呵，似或存。吾不知谁之子也，象帝之先。

6. 谷神不死，是谓玄牝。玄牝之门，是谓天地根。绵绵若存，用之不勤。

【王本】4. 道冲，而用之或不盈。渊兮，似万物之宗。挫其锐，解其纷，和其光，同其尘；湛兮似或存。吾不知谁之子，象帝之先。

6. 谷神不死，是谓玄牝。玄牝之门，是谓天地根。绵绵若存，用之不勤。

【析异】1. "盅""冲"之异。冲，涌动、虚实一体。道，超流态，用冲状摹，神韵自来。盅为器皿，无法体现道的雄浑气势和无限创生能力。

2. "又""或"之异。或，用于多重选择，道的能量无限，创生万物，用或不妥。

3. "芬""纷"之异。帛甲用纷，帛乙用芬，世本也然，有纷有芬。芬适用于描述动植物香料香味；纷，纠纷，适用于描述局势、态势。从经义思考，用"芬"妥。四"其"指道，挫锐解芬，和光同尘，描述道的伟大品格，讲道解除自我纷争不合情理。"芬"指道的一种特性，喻指道香郁浓烈，若不散开，会熏死万物。

4.【新编】对四"其"有关内容和相关语序,作了适度调整。顺道的虚无幽隐、先天存在本征→谦逊善下品性→永恒不死的逻辑链展开,一气呵成。

【新编】道冲,而用之又不盈①。渊兮似万物之宗,湛②兮似或存。吾不知谁之子,象帝③之先。挫其锐,解其芬,和其光,同其尘。谷神④不死,是谓玄牝⑤。玄牝之门⑥,是谓天地根。绵绵若存⑦,用之不勤⑧。

【注释】① 盈:指取之不尽,用之不竭。

② 湛:透明,比水还透明的是何物? 喻道变化幽隐,不见形迹。

③ 帝:指天,不是天帝、上帝。天帝晚于天,上帝是基督教用语。

④ 谷神:道的别称。此谷,非峡谷,也非谷物,应该着眼于河汉;神,神秘善变。老子借谷形容道虚空博大,借神形容道奥玄深。谷神特别,有不死性,其他神都有劫数。

⑤ 玄牝:玄,喻指神奇;牝,雌性。孕育宇宙万物生命的神奇母体。

⑥ 门:本指雌性生育产门,比喻开天辟地、生孕万物的根源。

⑦ 绵绵若存:绵延不绝,真实存在,难见踪迹。

⑧ 勤：堇是形符,是佩玉者站立素描,堇喻指土地,力是意符,为耕作,或为耕作谋划。勤本义指耕作辛劳,这里取"尽"意。

【意译】大道空虚无形,它的无限作用体现在永无止息的运动变化中,应用无穷。道就是那样渊深幽远啊,像是万物变化的总根源,变化幽隐,似有若无。我不知道是谁的孩子,先苍天存在,是确定无疑的。大道演化,善利万物,不露锋芒,幽香远播,普惠万物,融入万物,和光同尘。道虚无空旷,变化无穷,永恒存在,是缔造天地万物的神奇母体。缔造一切的神奇母体,是生育天地万物的根。她如丝如缕、绵绵不绝地存在着,却难寻觅踪迹,她的巨大作用无穷无尽。

【品析】【新编】将传本4、6两章合为一。先呈现道的法象,后陈述道的谦下品格,再阐述道的不死性和无限创生能力。

本章老子首次呈现大道法象,讲道无源,能量无限,乃是万物本源;讲道平凡伟大谦下,讲道可知不可及,能知悟,难言表。后世对本章领悟之异,产生了两大流派:道家养生学和学士济世学。价值取向虽然不同,但有交集:冲虚自然,不盈不满,来者不拒,去者不留。从冲字入手,阐述道在时间上的恒常性,空间上的广延性,永不停息的运动性,和光同尘的谦逊性,生命的永恒性。

老子是唯物论者,宇宙皆物质,物生物,物转物,没有神秘性。经文字里行间,渗透着质能转换和守恒思想,和"道生一,一生二,二生三,三生万物""万物生于有,有生于无""有无相生""夫物芸芸,各复归其根"等陈述语相贯通。

比类取象

"比类取象"思维方法是意象思维的雏形。老子常采用比类取象手法,将抽象的道形象化。道体虚空,却又真真切切,伴随万物,不露锋芒,幽隐若无,老子直言"道冲"。唯有冲字才能状摹道的动态神韵和无限能量。

冲,从氵从中;中表声表意,表示洲或陆地,氵表意,喻指流体喷射涌动。老子用冲表达道的无限创生、源源不绝之状、翻腾不息之势,无论怎么用,都取之不尽,用之不绝。老子由衷感叹"用之又不盈""似万物之宗"。

不要低估古人想象力,汉字、八卦、道、天圆地方说(古大陆是个整体,若将今日世界陆地拼接起来,近似矩形),无一不是想象的产物。"有物混成,先天地生。寂兮寥兮,独立而不改,可以为天地母""其上不曒,其下不昧",都是老子对道生动形象的素描。冲字极能唤起读者想象。老子虽然不知宇宙源于奇点爆炸,但是盘古开天辟地神话,扎根脑海。老子常年观察天地之象,那寂兮寥兮的迷人星空,让老子产生无限遐想……"道冲"破空而来,神来之笔!

有人把冲作盅解读,帛乙是冲,高明先生根据帛甲,用盅代冲。盅不是神仙手中的宝物,是凡品。盅为容器,是静物,容量有限,无法状摹无限空虚而又有无限创造力的道!

山前开阔地带也称冲。畈冲对应某山麓前的开阔地带。山脉河谷下游地域,都有平缓地带,就是一个大冲,有的成为大平原,连山接海的大冲不断扩张,沧海桑田。冲胜于盅。

人要像道那样,冲虚不盈不满,藏锋挫锐,隐迹遁形,和光同尘。古代隐士,学富五车,寄情山水,恬淡自适,冲盈而虚。他们深谙"冲虚"内涵,身在红尘,不恋红尘。庄子有经天纬地之才,甘愿做漆园小吏,以草绳束腰,游心天地间,逍遥梦幻中。

状摹了道的雄浑气势,描述了道的伟大之后,笔锋一转,赋予道的亲和性与谦逊品格。道在天地间,收敛锋芒,伴随尘世之光,混同世尘飞扬。老子由衷感叹:道太神奇了,既实实在在,又虚无缥缈,若即若离,若有若无。老子不知"道"父母,有一点他是肯定的:道在天地之先就存在了,是道养育了天地,而不是天地养育了道。用疑问句式,表示肯定。

"渊兮似万物之宗。"道中有智慧,道中有能量,蕴含着无限创造力。修道悟道,就要像道那样有涵养,懂得谦逊,包容一切。才高人嫉妒,张扬人唾弃,盛气凌人必遭殃。一个人低调处世,谦下为人,无论身处顺境或逆境,都能进退自如,光华人生。

本章前文,老子以模糊方式行文,连用四个"好象":道"好象"是万物本源,"好象"若有若无地存在着,"好象"作用无穷无尽,"好象"先天帝存在,似乎老子也说不准,其实不然,后文作了含蓄幽默表述,行文跌宕起伏。他在启发修道者思考,探索人生真谛、治世方略。

顺"道冲"之象,老子用神来之笔,形象阐述道的永恒性、广延性、永动性和永不枯竭的生育能力,使抽象的道鲜活起来。

谷，象征道虚无空旷，与"冲"字前后呼应；神，形容道奥玄妙；玄牝，幽默含蓄地描述道生育万物的绵延不绝，着重一个生字。只有不绝如缕地生，才能做到用之不勤，彰显道的永恒性和无限性。

终南山楼观那浩瀚无垠的繁星勾勒出的壮丽图景，激发了老子的无限遐想，写下了"谷神不死"的惊世之语。自古以来，对"谷"有多种解读，都没有走进老子内心世界，无法与老子思想相契合，有损老子的

玄牝

智慧。无论溪谷如何虚空，无法生出天地。从时间维度上讲，更是无稽之谈。先有大道，后有天地，再有溪谷。唯有把目光投向星空，一切都活络起来。那浩瀚无垠的银河之谷，用"玄牝"状摹，十分贴切，生育能力是不言而喻的，用玄修饰牝，含蓄幽默。生育天地之门，生生不息，妙不可言。

老子认为，道是宇宙最玄妙的母体，是产生宇宙万物的总根源。道虚无缥缈，空虚幽深，以应无穷，永不枯竭，永不止息地运行着；道独立于天地万物之外，又融于天地万物之中。道演化天地万物自自然然，没有神秘性，是对前文疑问作具体回答，道生天地。

老子借幽谷空旷寂静，原始蛮荒，呼之则应，似有神助，引领修道者，联想宇宙的"寂兮冥兮"状态。无论空谷多么深邃空旷，终有为陵之时（高岸为谷，深谷为陵），所以老子在谷之后巧缀"神"字，一切鲜活起来。谷再空旷幽深，无法与大道的空旷幽深相比拟。文字有局限性，所以要将目光投向宇宙深空，想象宇宙爆炸时的情形，去体会大道的玄妙。

古体神示，左边祭台上有供品，右形闪电，暗示神来去极快。你说请神就到，说收碗神便飘然而去。神无人不知晓，无人不敬畏，无人不崇拜。神在先民心目中很神圣。如神州的神指大地中心。神是

指人生命中最核心要素,有神人就有朝气,失神之人形同行尸走肉。用"谷神"表示"道"极为贴切。斗转星移,天地易色,云起雾落,星辰陨落,谷神永恒!

神灵有没有?自古及今,有些智者认为头顶三尺有神灵。俄国化学家布特列洛夫,后半生都在研究神鬼分子,现代量子论大师们认为灵魂可借助量子纠缠来理解。

"绵绵若存,用之不勤。"不绝如缕,似有似无。若存,好像存在,又好像不存在。说它存在,却看不见,摸不到;说它不存在,却又先于天地存在,支配万物。就空间而言,它无处不在,上至宇宙深空,下至大洋深处,大到星团,小到夸克;就功能而言,无所不能,它孕育万物。现代科学发展越来越印证着"用之不勤"的先见之明。人类从柴薪到木炭,再到煤炭、石油、太阳能、原子能……从茹毛饮血到熟食;从三餐不保到食用有余;从巢穴到土墙茅舍、砖瓦房、高楼大厦;从结绳记事、占卜、筹算到计算尺、计算机……

人类潜能无限,创新永无止境。人类若能依道而行,和谐发展,生活将会越来越美好。快节奏生活,让人身心疲惫,放慢生活节奏,享受生活的曼妙。道教创造的太极文化,精妙尽在慢字中。太极,慢柔和缓,绵绵不绝,似动非动,似静非静,动中有静,静中有动,动静互变,柔中藏刚,刚柔相济,就是效法天体运行规律的创造,堪称中华文化的瑰宝。

慢非停止不前,是艺术的雕琢打磨,是人生的享受,是审美创造的需求。今日社会,生活节奏太快,需要放慢节奏,静静欣赏。老子喜欢慢节奏生活,他的坐骑就是头老牛。足大行稳,踏石有声。悠哉天地间,思发宇宙空。老子的这种慢节奏生活方式被后世道家所继承,成为道家养生的精妙之魂。太极拳就是道文化精髓的动漫活现。

第五章　天地不仁　圣人博爱

【帛书】5. 天地不仁,以万物为刍狗。圣人不仁,以百姓为刍狗。天地之间,其犹橐龠与? 虚而不屈,动而愈出。多闻数穷,不若守于中。

【王本】5. 天地不仁,以万物为刍狗。圣人不仁,以百姓为刍狗。天地之间,其犹橐龠乎,虚而不屈,动而愈出。多言数穷,不如守中。

【析异】1. "多闻数穷,不若守于中""多言数穷,不如守中"之异。闻,收集言论;喻指偏听。春秋时期,百家争鸣。学术有道家、儒家、墨家和杂家,治国有德、仁、义、礼之分。混淆视听,易乱方寸,偏听出台的政策法令,必然不公。老子建言执政者:少闻心定,守道为上。闻应该是原经中文字。言,指执政者出台的法令。

2. 若、如之用,古今有别。帛书用如,后人多用若,如"上善如水""上善若水"。

【新编】天地不仁①,以万物为刍狗②。圣人不仁,以百姓为刍狗。天地之间,其犹橐龠③乎? 虚而不屈④,动而愈出。多闻数穷⑤,不如守中⑥。

【注释】① 天地不仁:天地无偏爱,平等对待万物,不独爱人类。老子从天、地、人性角度立言。仁是孔子道德思想的核心,曾言"杀身以成仁""仁者爱人"。言过其词,表里不一。对你好,真诚付出,反之打压,甚至击杀。周公吐哺,天下归心;立杀奴隶祭祀之规也是周公。

老子认为他们倡导的"仁"有偏爱,感慨发真言:天地不仁,圣人不仁。解析者都以儒家观释仁,视仁中二为数字。老子对仁领悟最透彻。仁中两横指天地,义指人要效法天地,平等对待万物。

② 刍狗:祭祀扎的稻草狗。法事时极为神圣,法事后跌落神坛,分文不值,随意丢弃。

③ 橐龠:橐为箱,龠为通气竹管。橐龠即风箱,鼓风助燃。

④ 虚而不屈:运行虚静而不屈服,虚中藏有。

⑤ 数穷:乱了方寸,没了主张。

⑥ 守中:中![旗杆符号],旗杆立处,军中中心。守中即守道。道调控致中,厌恶极端。除去极端,用之于中。

【意译】天地无偏爱,把万物视为祭坛上的稻草狗,任其兴灭。圣人无偏爱,任由民众繁衍兴衰。茫茫天地间,不就像只大风箱吗?博大虚空,却不匮乏,安动徐生,应有尽有。听信妄言、谣言、谗言,易乱心智,少听心静,尊道为上。

【品析】本章从人性角度论述圣人与天地相契合,也无偏爱,表达无为思想。从自然到人类,承接道冲,虚而不屈,虚而实用,虚用无穷。刍狗、橐龠等平凡物,在老子笔下鲜活了。老子主张虚静无为。

开篇提出天地不仁的观点,突出守中和无为思想。守中与第二、第三章不走极端思想一脉相承。老子认为圣人,遵循自然规律,无为治国,任由百姓繁衍生息,不加干预。

"天地不仁""圣人不仁"均指无偏爱之心。有人说老子反对将天地人格化,"天地不仁"是说天地没有理性情感。我相信老子是有神论者,多次将天道人格化,"谷神不死""吾不知谁之子,象帝之先""天道无亲,恒与善人""天之道,利而不害""天将建之,以慈卫之"。神在老子心中地位不高,含神成语渗透了老子的哲学思想。如"装神弄鬼""牛鬼蛇神""鬼使神差"等。

天地不仁　万物刍狗

"天地不仁,以万物为刍狗。圣人不仁,以百姓为刍狗。"何为仁?诸子百家,莫衷一是。墨家提出仁爱,孔子既说"仁者爱人",又说"唯女子与小人难养也"。

楚王失弓故事,反映了不同境界的人对仁的理解。

楚王狩猎云梦,心爱的弓丢失了。随从要去找,楚王说:"楚人失之,楚人得之"。孔子听说后,对弟子说:楚王独爱楚民,应说:"人失之,人得之"。老子听说后,说孔子眼界不高,应说:"失之,得之"。

春秋时代,诸侯纷争,掠地称雄,生灵涂炭。一些仁人义士,奔走呼吁,倡导仁义,有名无实。如同今日反恐,美欧及中东各国,各唱各的调,各吹各的号,乱象丛生。庄子理解《老子》最透彻。庄子认为:禹治天下,人心大变。人们开始用机心,以为杀伐顺天应人,杀奴隶祭祀不算杀人。老子认为顺应自然为仁。"鸦有反哺之孝,羊知跪乳之恩"。父母哺育儿女,子女孝敬父母为仁,天经地义。不仁就是无偏爱,任万物兴衰荣枯,自现自隐,自生自灭。"天地不仁",道生养万物自然,杀灭万物自然,天地不认为生万物是好事,也不认为灭万物是坏事。有道之人,顺应大道,自视理所当然,义所当为。老子认为圣人具备了不仁的品性,治理百姓,无差别待人,无贵贱分别。天无不覆,地无不载,圣无不仁。

春秋时期诸侯治国,厚此薄彼,搜刮民脂民膏,不惜千金买马骨,高筑黄金台,而贫民则家徒四壁,无人问津。英雄救世,斩杀一些人,保护一些人,杀人为谁而杀?

虚而不屈　动而愈出

"天地之间,其犹橐龠乎? 虚而不屈,动而愈出。"天地就像只大风箱,万物都在这一动一静之间,要准确把握,善加运用。虚静均一,平衡和谐,你不拉动,风箱无风,你一拉动,风就源源不绝,火借风势,风助火威,越烧越旺。拉要得法,把握火候,推进杆顺滑道往复,鼓风效果最佳;若拉偏了,操作起来,既费力,鼓风效果又差。

老子把天地比作大风箱,以小喻大,很接地气。天地要遵道而行,按照规律运行(虚而不屈),就会风调雨顺;若不按规律运行,天象异常,或水田龟裂、山地生火;或洪水泛滥、人或喂鱼鳖。老百姓有智慧,知时节耕种收藏,执政者要走亲民路线,不能只听汇报,耳听为虚,人多言杂,所以老子提醒为政者:"多闻数穷"。

本章写自然天地是虚,言人类社会是实。社会就像一只大风箱,每个人相当于空气中的分子,都在这只大风箱里。侯王出台政策法令,犹如风箱拉杆,要不偏,合天理,顺民意,每个人如沐浴春风,享受祥和气息。民心是杆秤,老百姓真心拥护圣人无为执政。

"多闻数穷,不如守中。"是针对执政者说的。执政者靠偏言出台政策法令,老百姓无所适从。不难理解,老子警示执政者:兼听则明,偏听则暗。除去极端言论,取中为政,依道施政,虚怀若谷。坚持守中原则,不妄出政令,以静制动,"万物将自宾"。

第六章　不为自生　才能长生

【帛书】7. 天长地久。天地之所以能长且久者，以其不自生也，故能长生。是以圣人退其身而身先，外其身而身存。不以其无私与，故能成其私。

【王本】7. 天长地久。天地所以能长且久者，以其不自生，故能长生。是以圣人后其身而身先，外其身而身存。非以其无私耶？故能成其私。

【析异】1. "天地之所以""天地所以"之异。有"之"字，"以其不自生"是"长生"的充要条件更明确。

2. "退""后"之异。退，退让，积极主动，彰显君子之风。退就是进，舍就是得，应该是《老子》原经文字。4 个"身"字，指利益、荣誉、地位，用退字准确。

【新编】天长地久①。天地之所以能长且久，以其不自生②，故能长生。是以圣人，退其身而身先，外其身而身存。非以其无私耶③，故能成其私。

【注释】① 长、久：长指空间，久指时间，合成时空。

② 不自生：不独为自己而生。

③ 无私耶：此私，指私下心愿。没有私心，却有私下心愿。

【意译】头顶青天，空旷无边；足下大地，厚实坚固，都能长久存在。天地之所以能够长久存在，因为它们不是为自己而生，所以能够长久。有道之人不独自而生,在利益、荣誉面前退让,反而赢得别人尊重和爱戴;凡事将自身安危置于无谓争斗之外的人,他们的生命自然安然无恙。不正是因为他们不自私,反而成全了他们的心愿吗?

【品析】本章从时空角度讲天地长久,长久的根本原因在于不为自生,提出了公天下思想。先论天地之道,再论圣人之道,围绕天人合道主线,告诫人们向圣人看齐,退让成全自己。地法天,天法道,无私对待万物;圣人法天道,无私待世人;世人学习圣人,大公无私。老子认为宇宙、社会、人能和谐统一。本章是老子伦理思想的展示,利他就是成就自己。

天长地久缘于无私利万物。大智者明白其中道理,先人后己,忧天下之忧,乐天下之乐,反而占尽先机;身先士卒,却能保全自己,公而忘私,誉满天下,成就大我。

对天地老子曰:"以其不自生,故能长生";对圣人老子曰:"退其身而身先,外其身而身存",既辩证,又贴切,很有亲和性。圣人谦下居后,置身事外;行得正,立得稳。这种为人处世智慧就是:不争之争,无私之私,无为之为。

"退其身而身先,外其身而身存"是"先天下之忧而忧,后天下之乐而乐"的最初版本,是华夏文明的精髓,也是百姓称量圣人的一杆秤。圣人见名利退让,不贪图虚名,不贪钱财,不穷兵黩武,有悖道德的事,置身事外,所以圣人无恙。圣人一词在《老子》中出现30余次,常用"是以圣人……"和"圣人……"方式行文,"是以圣人处无为之事,行不言之教""圣人不仁""圣人不积""圣人皆孩子"……暗示人们应该向圣人学习。

老子笔下圣人多指无为治国的高明执政者,如"太上"。他们德高望重、有大智慧、达到了至善至美的境界。老子的圣人道德标准:吃苦在先,享乐在后;毫不利己,专门利人;胸怀天下,公而忘私,无我利他,深受百姓爱戴和拥护,死而不亡,活在百姓心中。

"非以其无私耶?故能成其私。"正是因为没有私心,反而成全了私下心愿。人的最大私心莫过于追求长生。不是身体不朽，而是精神不朽，思想永存。有人诟病老子施诈术，与鬼谷子如出一辙。道德圣人老子，会用机心待人吗？老子有私愿而无私心：为天下人弘道，造福苍生。老子被世人奉为道德天尊，逝世轮回化如来。真假不重要，神话故事说明一个道理：老子是道德的化身。他若施诈，道教会把《老子》奉为第一教义吗？

私，名利归己者为私。最大心愿者莫过于如来，放弃王位，一心修行，以身饲虎，割肉救鸽，以修万世，千秋共仰。老子无私成其私，一心修道不修仙，却成为人们心目中的上仙，恭奉为太上老君，道教鼻祖。

上古时期，五谷和杂草长在一起，药物与百花混在一起，哪些植物能吃，哪些花草能治病，谁也不清楚。黎民百姓靠打猎为生，常常受饥挨饿；生疮害病，无医无药，只有等死。

老百姓的疾苦，神农氏看在眼里，疼在心上。神农氏苦苦思索，终于想出了一个办法。于是他带着一批臣民，从家乡随州出发，向大山走去。只见群山一峰接一峰，峡谷一条连一条，山上长满奇花异草。神农领头走进了峡谷，来到一座大山脚下。

云彩在山腰飘荡，四面峭壁悬崖，崖上飞流直下，悬崖上长满青苔，溜光水滑，没有天梯根本上不去。臣民们七嘴八舌，都说太险恶，劝神农趁早回去。神农摆摆手说："不！"语气坚定。他举目仰望，发现几只金丝猴顺着古藤和横在崖腰的树干，来去自如。神农灵光一闪，立刻把臣民们叫来，吩咐他们伐木，割藤条，靠着山崖搭成架子。一层接一层，直搭山顶。传说，后人盖楼房的脚手架，就是受神农这个办法的启发。

神农带着臣民，攀登木架，上到了山顶。山顶上长满了各种各样的奇花异草。神农心里乐开了花，立即亲自采摘花草，放到嘴里尝。为了安全起见，神农叫臣民们在山上栽了好多排冷杉，当城墙防野兽，在墙内盖起茅屋居住。后来，人们把神农住的地方叫木城。

一次,他把一棵草放到嘴里一尝,霎时天旋地转,一头栽倒,口不能言,拼尽尚存的一点气力,指着面前一棵红亮亮的灵芝草,又指指自己嘴巴。臣民们慌忙摘起那枝红灵芝,嚼烂喂到他嘴里。神农吃了灵芝草,毒气解除了,恢复了神志,臣民们悬着的心放下了。

神农踏遍了木城的山山岭岭,尝遍了可尝的药材。他尝出了小麦、稻谷、大豆、高粱,知道这些呈甜味的植物能充饥,就叫臣民把种子带回去,让黎民百姓种植,这就是后来的五谷。神农尝出了365种草药,写成《神农本草》,交给臣民带回去,为天下百姓治病。

大爱者神农,忘我者神农,一次在尝一种草,没来得及饮茶气绝身亡,为天下黎民献出了宝贵的生命。人们把这种夺去神农氏性命的草叫断肠草。

第七章　上善若水　处下不争

【帛书】8. 上善如水。水善利万物而有静,居众人之所恶,故几于道矣。居善地,心善渊,予善天,言善信,正善治,事善能,动善时。夫唯不争,故无尤。

【王本】8. 上善若水。水善利万物而不争,处众人之所恶,故几于道。居善地,心善渊,与善仁,言善信,正善治,事善能,动善时。夫唯不争,故无尤。

【析异】1. "有静""不争"之异。静不单指物态,有丰富人文内涵。仁者静,智者动。老子把"静"上升到方法论和正天下的高度对待:"致虚极,守静笃""清静为天下正"。"静"在本章首次出现,千百年来,被学者低看。水无意识,水静常态,心若止水,以物写意。

2. "居""处"之异。居、处是近义词。帛书不严格区分,全书只有"燕处超然""以丧礼处之"句用处。

3. "予善天""与善仁"之异。仁是儒家观念,有偏爱,厚此薄彼。"周公吐哺,天下归心",为周王室鞠躬尽瘁,杀奴隶祭天祀祖规矩也出自周公。天予一视同仁,"天街小雨润如酥"。

4. "正"在古代通"政",现代不宜再以"正"代"政"。

【新编】上善①若水。水善利万物而有静,处众人之所恶,故几于道。居善地②,心善渊,予善天,言善信,政善治,事善能,动善时。夫唯不争,故无尤。

【注释】① 上善：至善，不宜解释为最善，老子厌恶极端。

② 善地：适宜之地。

【意译】至善之人如水，近道有玄德。水滋养万物好清静，乐处大众厌恶之处，所以说水性接近道。至善之人，身处陋巷怡然自乐，心地澄明如大海，施舍就像阳光雨露滋润万物，说话信守诺言，为政善于治理，办事善于发挥特长，行动善于把握机遇。唯有不与人争权夺利，就没有过错，一生无祸患。

【品析】本章以水性近道启示世人。老子在宇宙中推崇天道，在自然界颂赞水德，在社会中推崇圣人品行。由水德演绎出为人处世要妙：处下不争。

水灵动澄澈，藏污纳垢，化腐朽而出神奇；水流向远方，盈科后进，曲折前行，势不可挡；水无色透明，鉴照天地，折射万相；水入江送客棹，出山润民田，低下成大海。

水性仁爱，滋润万物，生生不息；水性坚韧，水滴石穿，百折不回；水性柔和，顺势流淌，随物赋形；水性豁达，虚怀若谷，包容一切。

水善于变化，升腾为云雾，凝聚为雨雪，凝结为冰晶；水舒缓为溪，陡下为瀑，深集为潭，浩瀚为海；水因时而变，因势而变，因器而变，随遇而安。

水洁静自守，自然净化，流动不腐，激浊扬清，广济天下，只知奉献，不图回报；与土地结合溶入土地，与生命结合融为生命一部分，从不彰显自己。

水厥功至伟，甘心处下。水信念执着，追求不懈，咬定目标，百折不回，始终不忘归海使命，以排山倒海之势冲破一切关隘险阻，义无反顾向前。

水滴石穿，坚韧开拓。水性柔和，柔中有韧，柔中藏锋，以柔克刚，无坚不摧，以温婉的方式展现生命的气度、力度和强度。

水低调务实，善利万物而有静。不与天争寥阔，不与地争广博，不和人争名利，甘于处下，婉转自如，造福万物。

人生百态，性格迥异：有的像风，有的像石，有的像水。像风之人，见风转舵，八面玲珑，没有原则性；像石之人，沉稳不屈，过于刚强，易损易折；像水之人，顺势而为，既有原则性，又有灵活性。似水贤人如管仲、萧何、周恩来等，他们为人宽达、处事圆融，上合君王之心，下合民众之意。

人生若以水为镜，一切可映可鉴。若水之明，则光明磊落；若水之善，则淡泊名利；若水之静，则心态平和；若水之洁，则玉洁冰心；若水之动，则能屈能伸；若水之能，则无事不成。"上善若水"是对水最高的褒奖，也是中华文化中以水喻人的最高境界。老子由水的近道美德，演绎为人的七种品格，昭示为人处世，至善莫若水。

居善地。水善于找准位置，甘居下位。水善于曲折前行，盈科后进，遇小则小，遇大则大；小可成池、成潭、成渊，大可成湖、成海、成洋，做人宜处下，不与人争，无人能争。

心善渊。水胸怀广阔，深不可测；容忍一切，包容一切，化解一切，藏污纳垢，度量无限。做人要大度，有容人之量，能唾面自干，有海纳百川胸襟。

予善天。水性温和柔顺，无偏无私，善利万物，甘愿付出，不图回报。做人要慈悲为怀，仁爱敦厚，温和友善，关爱他人，乐善好施，天下为公。

言善信。细流涓涓，淙淙潺潺，水之心声；飞流直下，轰鸣如雷，水之呐喊；滚滚江河，奔腾咆哮，水之高歌。日复一日，年复一年，潮来潮往，水之诚信。为人讲诚信，古人是今人的楷模。古有管鲍之交、季札挂剑、俞伯牙摔琴、结草衔环、抱柱坚守。

政善治。水无私无偏，至清至正。上善之人，远法天道，近法水德。为政之道：要公正无私，清廉为政，服务人民。无欲而民自朴，无为而天下治。

事善能。水遇曲则曲，遇直则直，随器而形，随遇而安；穿透岩石，风化顽石，"攻坚者莫之能胜"。人做事要像水那样，充分发挥潜能,静定持心,事无不办。

动善时。动则合乎天时,合乎地利;四季守时:春雨、夏汛、秋露、冬雪。成大事者,待时而动。时机未到,决不轻举妄动;时机一到,决不优柔寡断,坐失良机。勾践十年生聚,一朝灭吴,能屈能伸奇男儿。

水能泽被苍生,滋养万物,无私守静。给人启示:居身安于卑下;丹心保持宁静;交往讲究诚信;言语信实可靠;为政天下归心;办事得法顺畅;行动合乎时宜。

放低身段生活,不争、谦恭、涵养、处下、包容、无我。调和顺应是德,无心顺应是道。水与道相契合,水走到悬崖边,跌碎自己,降低势能,再汇江河,归向大海。人心与水契合,置身社会,取人智慧,完善自我。多数人钟情高处,人人都向高处攀,难免竞争,有竞争就有博弈,有博弈就有成败得失;得胜者,低调藏锋有修养,若是过分张扬,高傲自大,难免遭人妒忌,徒生烦恼;失败了,仰天一笑,便是得道高人;若是鼠肚鸡肠,个性刚烈,背后使绊,甚至下毒手,或自绝于人世,结果都是悲剧。为人不争则无忧。

第八章　法道抱一　无离合道

【帛书】9. 持而盈之，不若其已；揣而兑之，不可长保也；金玉盈室，莫之能守也。富贵而骄，自遗咎也。功遂身退，天之道也！

10. 载营魄抱一，能毋离乎？搏气致柔，能婴儿乎？涤除玄鉴，能毋疵乎？爱民治国，能毋以知乎？天门启阖，能为雌乎？明白四达，能毋以知乎？生之畜之，生而弗有，长而弗宰，是谓玄德。

【王本】9. 持而盈之，不如其已；揣而锐之，不可长保；金玉满堂，莫之能守。富贵而骄，自遗其咎。功遂身退，天之道。

10. 载营魄抱一，能无离乎？搏气致柔，能如婴儿乎？涤除玄览，能无疵乎？爱民治国，能无知乎？天门开阖，能为雌乎？明白四达，能无为乎？生之畜之，生而不有，为而不恃，长而不宰，是谓玄德。

【析异】1. "兑""锐""锐"[2]之异。锐，短木，锐，利器；从经文脉络看，将兑取锐、锐都不妥。由"持而盈之"到"揣而兑之""金玉盈室"，说稀世宝物从收集到珍藏。把短木、利器揣在怀里干嘛！用"揣而锐之""揣而锐之"不合逻辑。"揣而锐之""揣而锐之"与"持而盈之""金玉满堂""富贵而骄"不合文理。"盈之""满堂""而骄"表达状态或心态，"锐之""锐之"持器物。此兑通悦，【新编】用悦。

2. "堂""室"之异。堂，建在高地上的豪华房子。堂大、正、显、明，用于聚会、会客、祭祀；室，从宀从至，至为箭射落处，室应该指箭存放处（收藏处）。室小、偏、隐、暗，供卧居、贮藏、收藏。把财宝放在大堂显酷，见欲民盗，险！

3. "搏气""专气"之异。搏气，脉动，自然无为，比专气贴切。

4. "玄鉴""玄览"之异。鉴，即监🔾，人跪水盆前，俯身看相，这里指心镜；览是向外看，如浏览、览胜。把玄览当心镜不妥。

5. "爱民治国，能无知乎""爱民治国能无为"[2]之异。知通智，老子反对用智治国，"以智治国国之祸"。治国要无为，爱民要勤为，细致入微。用"无为"概括爱民与治国不准确。

6. "明白四达，能毋以知乎""明白四达，能无为乎"[4]之异。明道者无为，反问"能无为乎"不合文理。

7. 河上公用陈述句式，其他版本都是向有道者连续追问，能不能做到无离、婴儿、无疵、为雌、无智、无知，不合情理。

8. 传本第 10 章的通病是前后文连贯性不佳。六个问句，写人的修为，而"生之畜之，生而不有，为而不恃，长而不宰，是谓玄德"表述的是道性。论人述道，过渡不自然。【新编】将 9、10 两章合一，文字作了适度调整，添加了"道者""是以圣人"短语，以加强文字间的内在连贯性、经义畅通。

【新编】持而盈之①，不如其已；揣而悦之，不可长保；金玉盈室，莫之能守。富贵而骄，自遗其咎②。功遂身退天之道！道者，生之畜之，生而不有，长而不宰，是谓玄德。是以圣人，载营魄抱一③能无离；搏气致柔能婴儿④；涤除玄鉴能无疵；爱民治国能无智；天门⑤开阖能为雌；明白四达能无知。

【注释】① 持而盈之：指过分收藏稀世之物。

② 咎：甲骨文🔾，从🔾，倒止，践踏泄愤；从🔾，过失者。咎本义是过失或灾祸。

③ 载营魄抱一：营，身体；魄，阴神，指思想灵魂；"一"是老子陈述道性的衍生概念，指道的运动状态，包括道的物质性或人文精神。

载着形体与灵魂,坚守大道不分离。一可变,道永恒,两者不可等量齐观。"载营魄抱一""执一为天下牧""昔之得一者"中"一",侧重道的人文内涵;"此三者不可致诘,故混而为一""道生一"中一,侧重道的物质性。

④ 婴儿:古代指将要降生的胎儿。母腹中小生命属于天然状态,一旦离开母体,由脐带供养转为吃奶、食五谷,构成后天状态。现代称小于周岁的新生儿为婴儿。

⑤ 天门:自然之门。这里指人的心灵之窗。

【意译】无节制屯集财富,不如趁早收手;身藏稀世宝物,不要窃喜,无法久藏;满屋金银财宝,无人能够守得住;富贵若骄纵,定会招来灾祸。功成名就,急流勇退,符合天道。天然大道,生育万物、滋养万物却不据为己有,滋润万物生长却不主宰它们,是多么深厚的大德啊!有道之人修道得道,身心合一,合于大道不分离;聚集精气能柔和到婴儿状态;清除杂念和妄见,净如明镜,一尘不染;爱护百姓、治理国家无机心;在种种诱惑面前,做到神闲气定,心门开阖同女性生殖器那样自如;万事了然于心,处事通达圆润,做到知而不以为知。

【品析】【新编】将9、10两章文字调整整合为一章。经文分三段,第一段讲贪念过重有害,第二段论述道的伟大品格,第三段陈述圣人有道修为,依道而行。经义秉承"上善若水、不争无忧"理念,讲处世哲学:不盈保泰,富而不纵,贵而不骄,位高知进知退。

本章先从财富和地位两个维度上阐述,提醒人们要善于守常,守常合道,揭示物不可穷、事不可极的道理,和《易经》第 64 卦意相通。64 卦为未济卦,火在上,水在下,水火背道而驰,非相克之势,论述未济中蕴藏可济之理。既济可转为未济,未济也能转为既济,事物在否定之否定的对立统一中发展。接尾理应收敛,却呈未济卦,隐藏着新的开始。守常就不能"盈之""悦之",不可久恋高位,"功遂身退"是福不是祸,所以圣人,守道无为,处顺安泰。

物不可穷　事不可极

"持而盈之,不如其已;揣而悦之,不可长保,金玉盈室,莫之能守。"该收手时要收手;怀揣美玉,切喜自乐,其祸不远;满室珠光宝气,谁能守得住?易招杀身之祸。人生自古最忌满,半贫半富半自安。半智半愚半糊涂,半醒半醉半神仙。"时见火光烧润屋,未闻风浪覆虚舟。"豪门高墙常失盗,寒门洞开风自流。欲海难填,老子随手拈来日常生活事例,告诫人们,该收手时要收手,该回头时要回头。"鹪鹩巢于深林,不过一枝;鼹鼠饮河,不过满腹"。纵然富甲天下,也是一日三餐,一榻而眠。

明初沈万三,依靠周庄水乡之便,凭借三江之利,通过海外贸易,迅速成为江南第一富豪。民间盛传他有一只聚宝盆。有聚宝盆是假,说明他生财聚财技高于人是真。

明太祖定都南京,想大修城墙,沈万三得知,主动承担一半城墙修建工程,他修的城墙比皇家修得还坚实。皇上表彰他,他飘飘然,四处夸耀,朱元璋寻机把他流放云南,没收财产,充实国库。这叫"富贵而骄,自遗其咎"。问题不是出在财富上,而是出在骄态上。

老子仅为财物而论吗?不是!要人看开、看破、看透,放下执着,超然物外,知足常乐;"虽有荣观,燕处超然",诀窍藏在"持"字中。不盈保泰,以平常心处世,定会终生平安。

功遂身退　天道使然

数举财物之后,笔锋一转,说为官之道。功高震主,久恋庙堂,就有杀身之险。高鸟尽,良弓藏,狡兔死,走狗烹。道理浅显,自古及今,功遂身退有几人。

秦始皇去世后,李斯依旧眷恋庙堂,不肯淡出,被赵高用计腰斩于咸阳。刑前,李斯示儿说:"吾欲与若复牵黄犬,俱出上蔡东门,逐狡兔,岂可得乎?"此刻大悟晚矣。

有诗曰:"没有寒溪一夜涨,哪得汉家四百年"。韩信为汉朝打天下,功勋卓著,被封为淮阴侯,韩信踌躇满志。张良劝他归隐,他不以为然。被吕后设计擒拿,韩信说:你杀不了我,先帝有言:"天下金器莫伤之"。吕后让人拿出绳索,一代枭雄被勒死在门槛上。

登坛拜将恩虽重,违心封侯虑已深。若明功遂身退道,岂会命丧毒妇人。

做事不可失度,功遂身退是福。日骄则昃,月盈则亏,弦紧则断,兵强则灭。莫求虚幻之象,视美女如骷髅,视金钱如粪土,视名利如浮云。人得势,不可沾沾自喜,不可妄自尊大,不可忘乎所以,不可自不量力。守柔为上,知进退、荣辱、正反、祸福相互转化之理。

接着经文呈现大道玄德,引入圣人的修为,启发世人。从六个层面歌颂圣人法道修为,也是世人修道的标准,并将神形合一不分离列为首条。心猿意马,岂能抱一守中?只有神形合一,才能看清事物真相,才能达到天人合道境界。中唐时期的某天,法性寺印宗法师正在诵经,一阵风吹来,寺内悬着的幡旗随之飘动。印宗即景说法,问众僧到底是什么在动?"是风动!""是幡动!"……谁也说服不了谁。慧能缓缓说道:"不是风动,不是幡动,是仁者心动。"身心合一,佛法真如顿现。天人合道境界是修道至高境界,被后世道家发扬光大。"抱一"才能抗拒外界的诱惑,不被名缰利锁羁绊。人有七情六欲,容易放纵,心如平原走马,易放难收。人的梦想太多,灵魂常出窍。修道之人,能入静敛神,融道一体,神形无离。

聚阴阳二气柔和顺畅如婴儿。在现实生活中,谁能做到不被琐事缠身呢?老子认为只有婴儿和圣人。婴儿不谙世事,头脑混沌,不知此物何物,不知今夕何夕,只知饿了要吃奶,困了要睡觉,完全顺应本性。圣人搏气致柔如赤子,归复于婴儿,是觉醒后的回归。

有道者涤除私心杂念,心明如镜不染尘。春秋时期为政者,鱼肉百姓,搜刮民脂民膏,胡作非为,老子希望执政者"爱民治国能无智"。

世人六根不净,六意不清,容易被外相迷惑,天门随机开阖。老子很推崇女性的恬淡、温柔、宁静、娴淑、温婉的个性。有道者具有女性温柔处顺处下的品质。

人好耍小聪明,聪明难,糊涂难,尤其聪明后再转糊涂就更难。由聪明转入糊涂,不是真糊涂,是睿智、是放下、是博爱情怀。老子十分推崇"大智若愚"的修为。

六个陈述问句,一气呵成。圣人能做到,世人修道后也能做到:神形合一,搏气致柔如赤子,心明如镜,爱民如子,无智治国,静如处女,学富五车而不认为学问有多深。

老子谆谆告诫修道者,修道要专心不二。做事也然。古往今来,无论是身怀绝技的能工巧匠,还是身怀绝学的学者,还是治国圣人,毕其一生,制心一处。远有老子弘道、鲁班工木、九方皋相马,近有屠呦呦研究青蒿素、袁隆平研究水稻,都是心无旁骛。

老子曰:"人之生也柔弱""婴儿骨弱筋柔而握固"。柔是生命活力之美。太极拳法,是老子柔性哲学思想的外化。柔和绵延,行云流水,身心合一,天人合一。道家讲究"道法自然",提倡遵从"本性",进行生命活动,道家修的是当世,提倡生命在我。养怡之福,可得永年。

第九章　有之为利　无之为用

【帛书】11. 三十辐同一毂,当其无,有车之用也。埏埴而为器,当其无,有埴器之用也。凿户牖,当其无,有室之用也。故有之以为利,无之以为用。

【王本】11. 三十辐共一毂,当其无,有车之用。埏埴以为器,当其无,有器之用。凿户牖以为室,当其无,有室之用。故有之以为利,无之以为用。

【析异】帛书"凿户牖"无"以为室"后缀。粘土和水搅拌,所成之物,并非唯一,不具体指明,逻辑不严谨;不言自明就无需后缀。墙上凿窟安门窗必为室,三十辐共一毂必为车。

【新编】三十辐①共一毂②,当其无,有车之用。埏埴③以为器,当其无,有器之用。凿户牖④,当其无,有室之用。故有之以为利,无之以为用。

【注释】① 辐:车轮上直棍,如自行车钢丝。

② 毂:车轴上圆木,现代叫轴承。

③ 埏埴:埏,揉和、搅拌,埴,陶土。搅拌陶土做成器坯。

④ 凿户牖:凿,开;户,指门;牖,开在墙上的窗。

【意译】用木材建造车辆,只有车厢处于中空状态,才能发挥车辆载人载物功能。用陶土和水搅拌揉合烧制器皿,只有当器皿处于中空状态,才能发挥陶器盛装物品作用。墙上安装门窗,只有当房屋处于中空状态,才能发挥房屋供人起居和贮藏物质之用。所以说,有带来许多便利,无发挥着它的独特作用。

【品析】本章通过列举造车、制陶、建房的制作过程,渗透顺势而为、无为自然思想,论述有形和无形的关联性,强调有无统一性,归纳论点:有之为利,无之为用。

本章中的有和无是生活中的有和无,首章中的有和无,是方法论中有和无。器物中的有形之用常被重视,空无的价值常被忽视。老子把空无部分的价值揭示出来,论述有与无相互依存、相互为用的道理。车辆中空才能载人载物,器皿中空才能盛装物品,房屋中空才能住人藏物,车、皿、室通过无体现其应用功能。这些无的用途都有前提条件,依靠实有形体现出来。无轮、无轴、无厢何以为车?无陶质为壁何以成器?无墙体门窗何以为室?有与无不可缺一。有和无针对利和用关系说的,利和用相辅相成,不可分割。老子提醒人们在关注有的实利时不要忽视隐性空无的妙用。

有些人认为:"老子把'无'作为主要对象考察,具有片面性",看不透老子有和无对举论述之妙。"三十辐共一毂""埏埴以为器""凿户牖"是写实有,"当其无"是写虚无,用"有之以为利,无之以为用"总结升华。

有固然很好,无同样不错,两者不可偏废。人们容易忽视无的存在,低看无而抬高有,不知无用之用是大用。老子善于从日常物品中发现他人容易忽略的内容,抽象出深刻道理。善于从感性入手,上升到理性认识。许多器物,各有独特功能,往往源于空无的存在。占有形之利,受无形之用。知有形有用是肤浅的,知无形妙用是深刻的;知有形有用平常,知无形之利非凡。杯空才能容物,乐器腔空才能演奏美妙乐章,天空日月星辰才能运行,心空才能悟道。一个被欲望占据心灵的人,还能有什么灵性?"嗜欲深者天机浅"。有无是辩证统一体,不可分割。有形是器,无形是魂,知有形之利,悟无形之用,方是高人。

要善于从"有之以为利,无之以为用"的结论中,读出老子无的弦外之音。闻道要清空杂念,损之又损;处世保持心地空灵,人格独立,贫贱何妨,放舟江湖上,垂钓万里春;为官功遂身退,乐布衣之乐;为政坚持无为理念,为无为之为,就能创造出"我无为而民自化,我好静而民自正,我无欲而民自朴,我无事而民自富"的局面。老子对统治者的生活了如指掌,生活糜烂,大兴厚葬、活人陪葬,令人发指。可查阅《诗经·秦风·黄鸟》。

诗仙李白,许多传世之作,都烙有老庄的美学思想印迹,《玉阶怨》诗充分揭示了老子有和无的辩证关系:

玉阶生白露,夜久侵罗袜。却下水晶帘,玲珑望秋月。

短短 20 个字,有声有色,有情有义,有温度,有动感。温度可感,"清冷"难耐;色泽清晰,玉阶、白露、秋月、水晶帘;动感传神,生、侵、下、望。诗的意象和情调,构成了一个完整境界,是一出独幕剧。主角是个孤单女子,背景素淡却不失豪华:玉石铺阶,水晶挂帘,亭台楼阁,香气飘逸;气氛冷清:白露、水晶、深夜、秋月;剧情感人:一个孤单女子,月夜不寐,在玉阶上徘徊至深夜,白露湿了罗袜,寒冷难耐,回到室内,独自站在窗帘后面,透过那晶莹剔透窗帘,久久凝神望着长空皎月。若透过她的身影,向她内心去看,那里的剧情更感人。幕后还有个未出台的男子,她和他曾经有过一段耐人寻味的姻缘。时过境迁,人在何方? 如今她形影相吊,重温往日的春梦,感伤今日的凄凉,怅惘来日的凄苦。文字外的隐性角色,是怨的本源,是无形诗意的隐性内涵,需要读者深思、联想、挖掘。

以怨为题,诗中无怨字,却怨浸全诗。通过 20 个有形文字展开想象,无言之美更诱人。

中秋佳节,宫里宫外,喜庆团圆。月挂长空,丹桂飘香,正是赏月好时光。有位宫女,走出闺房,伫立玉阶,斜倚雕栏,痴痴呆呆地凝望遥远的故乡,思念着曾经青梅竹马的情郎。不知不觉,冷露凝湿了罗袜,夜深寒气袭人,转身回闺房,放下水晶窗帘。透过玲珑窗帘,继续凝望皎月。怜嫦娥贪婪吞药而孤寂，恨自己被冷落而生怨。临幸无望，名花渐黄，昔日情郎，今在何方？酸楚泪水在流淌。月也朦胧，意也朦胧，恰似黄叶悲秋风。

中秋月圆，普庆团圆，宫女孤身，空怀月，无情缘，岂能无怨？完全可以想象：

一是久久凝望。先在室外望，夜深冷了，再转入室内放下窗帘继续望，唯中秋之夜，才能让宫女如此专情望月，每每凝望，每每失望；每每失望，又每每凝望。

二是痴情的望。情到深处人变痴。由痴情地望到变态地望。一定是引起她往昔的回忆，是回忆少年故乡与情郎，花前月下，柳中听莺？还是惦记昔日情郎的安危？

三是寂寞难耐的望。遥望嫦娥，联想自己，进宫久已，临幸无望，情郎千里，生死未卜，春锁深宫，茕茕孑立，形影相吊。

四是怨深似海的望。深宫中，望明月，守空房，愁归尘。

顺着有形文字，见剧中主人翁容易，见主人翁的昔日情人和无情帝王不易。

第十章　去奢抱朴　为民造福

【帛书】12. 五色使人目盲,驰骋畋猎使人心发狂,难得之货使人之行妨,五音使人之耳聋,五味使人之口爽。是以圣人之治也,为腹而不为目,故去彼而取此。

【王本】12. 五色令人目盲,五音令人耳聋,五味令人口爽,驰骋畋猎,令人心发狂,难得之货,令人行妨。是以圣人为腹不为目,故去彼取此。

【析异】"是以圣人之治也,为腹而不为目""是以圣人为腹不为目"之异。有"之治",说圣人治天下,务实不务虚;无"之治",说圣人生活简朴,境界低,格局小。老子境界高远,胸怀天下,心系苍生,岂会着墨个人生活小事。

【新编】五色①令人目盲,五音②令人耳聋,五味③令人口爽④,驰骋畋猎令人心发狂,难得之货令人行妨。是以圣人之治,为腹不为目,故去彼取此。

【注释】① 五色:青、赤、黄、白、黑。泛指色彩缤纷。

② 五音:宫、商、角、徵、羽,泛指音阶和音律。

③ 五味:酸、苦、甘、辛、咸。泛指众多美味。

④ 口爽:贪吃美味,败坏胃口,导致味觉失灵。

【意译】光怪陆离的色彩,让人眼花缭乱;喧嚣高亢的丝管声,使人听觉失灵;浓郁可口的美食,败坏人的胃口;纵马畋猎,使人放荡;

稀世珍宝,让人失去操守。有道德修为的人治理天下,为百姓谋福祉,务实不务虚,舍弃糜烂生活,确保简朴生活。

【品析】本章运用对比手法,开门见山,否定执政者有以为的离道行径,只图享受、寻求刺激,肯定了圣人务实作风,提出"圣人之治为腹不为目"的观点,阐述过度享受有害无益的道理。老子不反对正常的物质享受,强调不能贪图享乐。五色、五音、五味、狩猎、贵货是贵族生活,与民众生活格格不入。五色、五音、五味、狩猎、贵货都是不道行为。老子希望人们能够丰衣足食,享受内在宁静恬淡的生活:"甘其食、美其服、安其居、乐其俗。"越是追求外在物质刺激,越会迷失自我,心灵就越空虚,所以,老子提醒人们要摒弃外物诱惑,确保内心宁静。

自我放纵就是自我毁灭。鲜艳的蘑菇可能有剧毒,动人的玫瑰总会带刺,美丽的笑容可能包藏祸心,石榴裙下的香风会腐蚀灵魂。物自腐而后虫生。有些人聚财早已不是生存需要,而是满足心理需求,心理需求无底洞,永远填不满。清朝和珅,搜刮奇珍异宝成瘾,富可敌国。乾隆死后和珅被杀,富了嘉庆。

由俭入奢易,由奢返俭难。现在多数人抛弃了俭朴之美,恬淡之乐,把物质上的富有作为人生追求的目标,认为刺激才是享受,疯狂才够刺激,借贷享受,超前享受,过度享受。抚今追昔,更觉老子伟大。他那洞察天地的智慧与预测未来的睿智,令人敬畏。

老子倡导寡欲修道,加固心灵防护墙。行文结尾,亮出底牌:圣人之治,为腹不为目。让天下人衣食饱暖,住者有其室;生活恬淡,不奢侈,掬一杯淡茶;捻一缕清风,不忧虑明天;望一轮明月,将心放逐,素心如简,静待莲开。

由俭入奢易,由奢反俭难。民奢会倾家荡产,王奢会导致垮台。殷鉴不远。有一天,纣王上朝,向大臣们展示了一双精致象牙筷。箕子见了,吓一跳。退朝后,箕子与同僚们说,大王变了,后果不堪设想。同僚们不以为然。箕子说:你们想想看,用象牙筷,必配玉碗、玉碟;玉碗、玉碟会盛萝卜青菜吗? 必配山珍海味;锦衣玉食,还会坐在简陋房子里用餐吗? 必然修建亭台楼阁! 楼阁台榭里,必然少不了轻歌曼舞,丝管之声。大王将会断送掉大好江山!

事态运行轨迹果真按箕子预判的思路发展。纣王从此不再勤于朝政,贪图享乐,花天酒地,酒池肉林,大兴土木,美女成群,沉醉于温柔之乡。谁敢冒犯进言,他就治谁的罪,关进大牢,甚至处斩,建炮烙惩罚进言大臣,臣子们纷纷逃离朝歌。王叔比干实在看不下去了,一再苦苦劝谏。纣王狂怒道:听说圣人有七颗心,本王倒要见见虚实。可怜比干,心肝被掏空,何其悲哀。

商纣王从欣赏象牙筷,一步步滑向深渊,弄得天怨人怒,沸反盈天,被武王斩于鹿台。

第十一章　修道贵身　可托天下

【帛书】13. 宠辱若惊，贵大患若身。何谓宠辱若惊？宠之为下也。得之若惊，失之若惊，是谓宠辱若惊。何谓贵大患若身？吾所以有大患者，为吾有身也，及吾无身有何患。故贵为身于为天下，若可以托天下矣；爱以身为天下，女（如）可以寄天下矣。

【王本】13. 宠辱若惊，贵大患若身。何谓宠辱？宠为下，得之若惊，失之若惊，是谓宠辱若惊。何谓贵大患若身？吾所以有大患，为吾有身，及吾无身，吾有何患？故贵以身为天下，若可寄天下；爱以身为天下，若可托天下。

【析异】1. "宠为下""宠为上，辱为下"[2][6]之异。境界不同，天壤之别。

2. "贵为身于为天下""贵以身为天下"之异，有"于"更胜一筹，加重语气。"修身齐家治国平天下"和"人不为己，天诛地灭"古语，诠释了这段经文。只有做好自己，修德强身，才能堪当治理天下大任。

3. "女（如）可以寄天下矣""若可托于天下"。王本译文：把天下看得和自己生命一样宝贵的人，才可以把天下的重担交付于他；爱天下像爱自己生命一样的人，才可以把天下托付于他。前后句仅措辞有别，老子会玩这类文字游戏吗？经文字字千金。

【新编】保留女字，出于以下思考：

①文字源。女字根据语境虽然可译为汝、安、如或保留，高明先

生弃女用如。女是含女字符合体字母体，如必晚于女，"如"字，甲骨文、金文都有，老子能不知吗？贵以身暗指男性，爱以身暗指女性。密码藏在若字中。若专家说写女子梳妆，并配图。梳妆女子发型、脚形和不匹配。足尖着地，头发上扬，梳妆女子脚背着地，头发下垂。若是诺字初文，承诺是若字本义，女子梳妆解不出若字本义。是舞蹈姿态，是巫师起舞写意。经文中巫师指国师，男权社会，国师无女性。交接仪式上，新巫师手舞足蹈，头发飘飘。舞蹈后新巫师要对天、对老巫师和天下人作出承诺。巫师下蹲跳跃式舞蹈至今还有。经文如签文，意隐深藏。

② 老子笔下女性地位。老子开尊重女权先河，颂赞女性的伟大超过圣人。

③ 道家哲学观。一阴一阳谓之道，孤阴不生，独阳不长，男女平等合道。

【新编】宠辱若惊①，贵大患若身②。何谓宠辱若惊？宠为下，得之若惊，失之若惊，是谓宠辱若惊。何谓贵大患若身③？吾所以有大患，为吾有身，及吾无身有何患！故贵以身于为天下，若可托天下；爱以身于为天下，女可寄天下。

【注释】① 宠，辱：宠，溺爱，杨贵妃集三千宠爱于一身；辱，本义指持辰（农具）除草，儒家轻视劳动，假借为羞辱。宠是得意至极，辱是失意至极。

② 贵大患若身：重视大患如同重视自己身体。贵在不同语境中含义有别。

③ 身：经文中身字，语境不同，内涵不同。"贵大患若身""贵以身""爱以身"，其身指身体，"及吾无身"中身，指自身私利。

【意译】得到宠爱和受到耻辱都像受到惊吓，重视宠辱这个大患如同重视自己的身体。什么叫得宠受辱都像受到惊吓呢？得宠者地位卑下，得到它让人担惊受怕，失去它，令人沮丧，担惊受怕，这就叫得宠和受辱都好像受到惊吓。为什么说重视大患如同重视自己的身体呢？我之所以有祸患，因为我有自身私利，如果我身体强健，又没有自身私利，还有什么祸患呢？所以说，强身健体，修身积德，无私利心甘愿服务天下，可以把治理天下大任托付给他；轻名忘利爱惜身体为天下人服务的女性，也可以把天下托付给她。

【品析】本章是第2单元收官之作，从积德贵身服务天下的高度着眼，提醒为人臣者，要正确处理好君臣关系，以谦下心态看得失，以平常心态看世事，树立正确忧患意识和荣辱观。提出了无私奉献、服务天下、可托天下的道德观。老子提倡贵身、爱身于为天下，男女掌权都一样，暗示只有男性掌权的社会不正常。

老子认为宠辱都让人担惊受怕，是祸不是福。要正视它，警惕它，泰然处之；以平常心对待宠辱，莫让宠辱毁了自己。老子重视养生，倡导修德养身，以通俗话语呈现对策："贵大患若身"，告诫世人不要被物情所困，不要被宠辱所扰，在诱惑面前，保持定力。

得宠是上对下施恩，得到宠爱惊喜万状，失去宠爱惊魂不定，这就是得宠和受辱都感到惊恐。喜来吓一跳，失宠心忧伤。今日得宠，他日受辱，在恐慌中度日。宠辱都是患。

人对荣辱情感体验敏感，不受功名利禄影响有几人？升迁了，别人恭维、赞许、虚捧，心里窃喜，喜过之后呢？受到别人冷眼、辱骂时，定会不安、惊恐、愤怒，这些都是人性的弱点。无论你是得宠，还是受辱，都会忧心忡忡，惶惶不安。患得患失，能不纠结？能不伤身？老子简言概括为："贵大患若身"。

古代文人荣辱观如何？诗人孟郊登科诗曰："昔日龌龊不足夸，今朝放荡思无涯。春风得意马蹄疾，一日看尽长安花。"失意一笔带过，中榜荣耀，春风得意，着笔渲染；罗隐在《自遣》中写道："得即高歌失即休，多愁多恨亦悠悠。今朝有酒今朝醉，明日愁来明日愁。"一副酸溜溜心态；范进中举，欣喜若狂，意识失常，虽是艺术夸张，却源于生活。倒是诗人王维洒脱，仕宦至相，对月品茗，松下弹琴，丹青山川,寻至水穷处,坐待云起时。

人不可被物情所困,不可为宠辱所扰,洒脱些,看淡、看破、看透,官场、情场、商场,都如戏场。面对宠辱之患,如何对待? 老子让人暗室见天:加强道德修养,提高自身免疫力。宠辱不惊,看庭前花开花落;去留无意,观长空云卷云飞。恬淡心适,洒脱自在。

文中"贵身""爱身"和 72 章"自爱而不自贵(宠爱自己)",有同有异。老子讲"以其不自生",贵身不独为自己,更为天下人。老子看重贵生,鄙视作践自身的人。自古很多君王,只顾淫乐,追求神仙虚幻之境,梦想长生,荒废朝政,毁身短命。"自爱"与"爱身"相通,提出"爱以身于为天下,女可寄天下"的男女平等观,是道家万物齐一观的具体化。

贵身于为天下,爱身于为天下,是老子留给我们的精神财富。两千多年前就提出男女平权思想,老子天下第一,名至所归。

第 3 单元

道象恢宏　静心修炼

第3单元，先论述道的恢宏性，尔后论述修道和为道之异，治国有天壤之别。十二章呈现大道物质性法象，暗示认识道不易，十三章讲古贤善为道，十四章讲自己修道方法和心得，十五章讲不同层次的领导，治国差别巨大，十六章讲废道之害和修道必要性，十七章讲自己潜心修道心路历程，暗示追随者，修道必须心无旁骛。

第十二章　执今之道　以御今有

【帛书】14. 视之而弗见，名之曰微；听之而弗闻，名之曰希；揖之而弗得，名之曰夷。此三者不可致诘，故混而为一。一者，其上不曒，其下不昧，寻寻呵不可名也，复归于无物。是谓无状之状，无物之象，是谓惚恍。随而不见其后，迎之不见其首。执今之道，以御今之有，以知古始，是谓道纪。

【王本】14. 视之不见名曰夷；听之不闻名曰希；搏之不得名曰微。此三者不可致诘，故混而为一。其上不曒，其下不昧，绳绳兮不可名，复归于无物。是谓无状之状，无物之象，是谓惚恍。迎之不见其首，随之不见其后。执古之道，以御今之有，能知古始，是谓道纪。

【析异】1. "揖""搏"之异。揖，抚摸，搏，拼搏，搏弈，伯仲自见。

2. 帛书有"一者"，文理严谨。世本均无"一者"，结构松散。

3. "执今之道""执古之道"之异。执古是儒家思想，孔子好古，克己复礼，老子尚古不拘泥于古。今事清晰，古事模糊，由今推古合理，由古推今不严谨。李白"今人不见古时月，今月曾经照古人"诗句，诠释了"执今之道"的真意。

【新编】视之不见名曰微；听之不闻名曰稀；揖之不得名曰夷①。此三者不可致诘②，故混而为一。一者，其上不曒，其下不昧，绳绳③兮不可名，复归于无物。是谓无状之状，无物之象，是谓惚恍。迎之不见其首，随之不见其后。执今之道，以御今之有，能知古始，是谓道纪。

【注释】① 微、稀、夷:微,细小;稀,无声;夷,平坦,喻指隐形物;微、稀、夷均指感官无法感知隐形物的特性。老子认为有形物质之外,还有看不见、听不到、摸不着的东西支配事物运动变化,与现代暗物质概念吻合。

② 不可致诘:诘,追问。无法说清楚的事,打破砂锅问不到底。

③ 绳绳:绵延不绝。《螽斯》有语:"宜尔子孙,绳绳(mín)兮。"说蝈蝈子孙绵延不绝。这里从物质性角度讲道状绵延不绝,却无法言表,回扣"道,可道,非恒道"语。

【意译】看不见的东西可称微;听不到的东西可称稀;摸不着的东西可称夷。道是微、稀、夷浑然一体的虚无之物,上下一色,绵延不绝,不可名状,无法用直觉感知它。道是没有形状的形态,没有形态的形象,惚惚恍恍。追随它,向前看不见它的头,回头望看不到它的尾。根据道的当今运行规律,考察当今事物,推知宇宙的原始状态,这叫遵循客观规律认识事物。

【品析】本章用抽象语呈现大道法象。道是时空心物,和现实世界中物有本质区别,指出认识道的另一条重要途径:运用历史观。把握当今,推演过去,预测未来。老子的思想核心就在于把握规律,解决自然、社会、人生问题。积极关注社会现实,不置身世外。

混混沌沌　不可致诘

老子对追随者幽默地说:道是物质呢还是非物质呢? 想一睹道的真容吗? 不可能! 它是隐身物,且称微;想听听它的声音吗? 不可能! 它的声音不在我们听觉范围内,且称稀;想摸摸它的形体吗? 也不可能! 它无形体,且称夷。不要追问道的具体模样,道体混沌,我无法具体描述。它没有颜色,没有声息,没有形体,看不到它的身影,听不见它的声音,摸不着它的形体;它上下一色,无边无际,无头无尾,无形无状,混混沌沌,惚惚恍恍,虚无有象,"强字之曰道";道又真切存在天地宇宙间,化育万物,滋养万物。意在强调大道的混沌性、抽象性、无限性、灵动性、超越性、规范性、可知性和隐身性。大道无形、无声、无迹,有别于任何具体物质。不要将道形式化、具体化,一具体就失去了大道的恢弘与博大。启示人们:为人处世,莫较真,混沌点,淳朴点,洒脱点,就近道了。

道之物的观念越来越与现代天文物理相契合。宇宙奇点、黑洞、暗物质、暗能量、真空能量,无一不佐证着老子系列论断的正确性。暗物质比幽灵还神秘。幽灵据说还能被某些特异功能的人感应知晓,暗物质几乎不和任何物质发生作用,任何精密探测器都捕捉不到它。

执今之道　以御今有

通过系列实举:看、听、摸、随行等习惯行为,去体验大道都无效,行不通,又无法用言语描述道。怎么办? 我在开经中说过,通过"恒无"和"恒有"的途径,从宇宙本源和现实世界中物质运动变化规律去体悟,这里,我再告诉大家一条认识道的路径:透过历史时空,由今溯源而上,把握道的运行规律。文章结尾,从时间维度上强调道的永恒性。

道虽然玄妙精深、恍惚不定,但是,无中含万有,无中藏奥秘。道的纲纪比宇宙寿命长,无始无终,自古以来就支配着宇宙中的一切事物。在天统领日月星辰,在地统领万物,在世间统领万邦。道支配一切实有和虚无。掌握了万物运动变化规律,就能知阴阳之消长,明五行之变易,识天机,知过去,测未来,安天下。

老子在2000多年前就提出了"万物生于有,有生于无"的观点。暗物质只是老子无下大幕一角。科学探索证明主宰宇宙95%的能量来自星系间的虚空。暗物质比幽灵还神秘,穿透我们身体,游荡于广袤太空,主宰着宇宙的命运。它只携带弱相互作用,很难在实验中产生常量信号,需要间接方式捕捉信息,反推暗物质曾光临过。中国悟空暗物质探测卫星,已经测量到一些有重大意义的电子能谱。2019年、2020年,英国《自然》杂志上,连续刊登了来自悟空卫星获得世界上最精确的高能电子宇宙射线谱的论文。悟空卫星获得最精确的高能电子宇宙线能谱,是否已经窥测到了暗物质的倩影?

第十三章　善为道者　微妙玄通

【帛书】15. 古之善为道者，微妙玄通，深不可识。夫唯不可识，故强为之容。曰：豫呵其若冬涉水；犹呵其若畏四邻；严呵其若客；涣呵其若凌释；敦呵其若朴；旷呵其若谷；混呵其若浊。浊以静之徐清，安以动之徐生，保此道者不欲盈。夫唯不欲盈，是以能敝而不成。

【王本】15. 古之善为士者，微妙玄通，深不可识。夫唯不可识，故强为之容：豫兮若冬涉川；犹兮若畏四邻；严兮其若客；涣兮其若释；敦兮其若朴；旷兮其若谷；混兮其若浊。孰能浊以静之徐清？孰能安以久动之徐生？保此道者不欲盈。夫唯不盈，故能蔽不新成。

【析异】1. "为道""为士"之异。为道者必是高人，为士者未必，士者也有龌龊之人。

2. "涉水""涉川"之异。涉，蹚水叫涉；川，指江河，冬天蹚水过江河不现实；此水，指河滩或小溪。借冬天涉水，讲谨慎行事。

3. "浊以静之徐清，安以动之徐生""孰能浊以静之徐清？孰能安以久动之徐生？"之异。圣人善为道，能让社会由浊至清、安动徐生，陈述句全文贯通一气。

4. "敝而不成""蔽不新成"之异。"敝而不成"，以谦下心态处事，体现无为思想，符合老子哲学思想。【新编】用"敝而新成"。有道之人，善于守成，不盈不满，为无为，事无事，治世能由乱到治，开创新局面。蔽和敝如今已各负其质，含义不同。

【新编】古之善为道者,微妙玄通,深不可识。夫唯不可识,故强为之容:豫兮若冬涉水;犹①兮若畏四邻②;严兮其若客;涣兮其若凌释③;敦兮其若朴④;旷兮其若谷;混兮其若浊⑤。浊以静之徐清,安以动之徐生。保此道者不欲盈,夫唯不盈,故能敝而新成。

【注释】① 豫,犹:两种动物。豫为象,生性好疑、谨慎;犹为猴类一种,警惕、戒备性强。

② 四邻:《尚书大传》记载:"天子必有四邻,前曰疑,后曰丞,左曰辅,右曰弼。"文中四邻指周边人们,不是邻国,不是邻居。

③ 涣、释:涣,涣散;释,消融,冰凌解冻。

④ 敦、朴:敦,厚道,笃厚;朴,朴树,朴树遍身疙瘩,喻指天然本性。

⑤ 混兮其若浊:同流合污,淈泥扬波。

【意译】古时善于行道的人,圆润通达,行为方式常人不理解。正因为常人不理解,看不透,只能粗略描述:小心谨慎,如同冬天蹚水过河;严谨从事,害怕妨碍他人;严肃慎重,如同做客;为人和蔼,就像消融的冰凌;敦厚质朴,就像生长的朴树;粗犷豁达,就像空旷的山谷;浑厚包容,就像浑浊的江河。流静浊水自清,安定生命自生,坚持无为理念,以静制动,顺势而为,水到渠成,必能开创新局面。

【品析】本章老子颂赞古贤高深莫测,暗示追随者:坚守大道,勿满勿盈,守成应变,推陈出新。释然一点、敦厚一点、旷达一点、混沌一点,瓜熟蒂落,水到渠成,遇难排难。

古贤为道　微妙玄通

善于行道的人,是老子心目中治国理政的理想寄托者。从七个方面塑造他们的完美形象。

"豫兮若冬涉水"。处事小心谨慎,如同冬天涉水那样小心翼翼,防范不测,预而无险。得道之人无论遇到怎样情况都会谨慎从事,如临深渊，如履薄冰，终无败事。毛泽东评价周恩来，说他举轻若重。把小事当大事抓，办事谨慎无破绽。

"犹兮若畏四邻"。得道之人，小心谨慎，约束自己，不越雷池；抑制欲望，收敛锋芒，谨防干扰他人。"君子防未然，不居嫌疑间。瓜田不纳履，李下不整冠。"

"严兮其若客"。得道之人，望之威严，即之温润。外相俨然，待人接物恭敬和顺，和蔼可亲。他们把自己当客人，谨慎处世。人是大自然的过客，得道之人以谦逊的心态做客人，俗人以大自然主人自居，以骄纵态度对待一切；俗人以损害他人利益为代价，来满足一己私欲，必然以毁灭自己而告终。老子主张以客人身份度世，敬畏自然。李白深谙此道，作诗曰：

生者为过客，死者为归人。天地一逆旅，同悲万古尘。

"涣兮其若凌释"。得道之人，能从欲望、抱负、追求的重负中解脱出来，回归本我，轻松愉悦，怡然自乐。这种感觉犹如冰封大川、冰凌挂枝，沐浴春风，悄然融化，轻松惬意。

"敦兮其若朴"。得道之人，重内不重外，济公和尚，形同乞丐，疯疯癫癫，邋邋遢遢，如朴如璞，外陋内秀。人不可貌相，孔子以貌取人而失子羽，孙权嫌庞统貌丑而失名士。

"旷兮其若谷"。得道之人，胸怀坦荡，豁达大度，虚怀若谷，心地空灵，包容万物，神闲气定，居下、不争、不弃、不惑、和光同尘，心中没有亲疏之别；常人分别心重，有分别心就有烦恼和忧愁。得道之人，物我齐一，自然免除了痛苦、烦恼、祸患，生活洒脱。

"混兮其若浊"。得道之人，头脑清醒，内心明净，能与污浊世道融为一体，不凝滞于物，能与世推移；世人皆浊，却能淈泥扬波；众人皆醉，而能哺糟啜醨。清者自清，浊者自浊。得道之人，能够做到：入污泥而不染，坐怀心不乱，视钱财如粪土，名利若浮云。

有道之人，微妙玄通，他们掌握了事物发展的普遍规律，运用规律处理问题，思想境界超越常人认知水平；他们具有谨慎、警惕、严肃、亲和、纯朴、旷达、浑厚、洒脱、奔放、融和、谦让、内敛、包容的人格魅力；他们低调生活，成事无痕，含而不露，高深莫测。

静以徐清　安以徐生

得道之人有独特的行事风格和独特的人格魅力。世俗之人，嗜欲深痼，认知浅薄；得道之人，静谧幽沉，深不可测。表面上他们憨厚庸俗，实际上极富创造性。他们能动极而静，静极而动，这种人格魅力合乎道的变化规律。老子由衷感叹：深不可识。

"浊以静之徐清，安以动之徐生。"老子以自然净化为喻体，混浊的河流，雨收流缓，澄澈清明，许多新生命涌现出来，喻指春秋时期，世道混乱不堪，老子希望有道之人治世：浊世→静定→徐清→世安→安动→徐生，演绎辩证法精髓。浊以静而清，安以动而生。静极而动，动极而静。顺应客观规律办事，混乱不堪的社会秩序，自然恢复祥和，天下必然生机勃勃。形象含蓄地表达了他的无为治天下的思想理念。

耶稣讲永生，后世道家讲长生，老子讲徐生。徐生，生生不息，绵绵不绝。永生、长生皆为虚幻，不切实际。

第十四章　致虚守静　悟道知常

【帛书】16. 致虚极也,守静笃也。万物并作,吾以观其复也。夫物芸芸,各复归其根。归根曰静,静是谓复命。复命常也,知常明也。不知常,妄,妄作凶。知常容,容乃公,公乃全,全乃天,天乃道,道乃久,没身不殆。

【王本】16. 致虚极,守静笃。万物并作,吾以观复。夫物芸芸,各复归其根。归根曰静,静曰复命。复命曰常,知常曰明。不知常,妄作凶。知常容,容乃公,公乃王,王乃天,天乃道,道乃久,没身不殆。

【析异】"全""王"之异。公与全、全与天匹配,王与公、王与天不匹配。有的王私心自重而且黑,横行天下,为祸天下,公在何处? 德不配位,岂能与天匹配!

【新编】致虚极,守静笃①。万物并作,吾以观其复。夫物芸芸,各复归其根。归根曰静,静曰复命。复命曰常②,知常曰明。不知常,妄作凶。知常容③,容乃公,公乃全,全乃天,天乃道,道乃久,没身不殆④。

【注释】① 笃:从竹从马,马穿竹林,缓行沉稳,意指极度。

② 常:此处作规律讲。

③ 容:含覆载、包容之意。

④ 没身不殆:殆,危险,终身没有危险。

【意译】努力让心境保持虚寂空灵状态,制心一处,静观其妙。大千世界,万物纷呈而宁静,我在这宁静状态中,观察到它们生长与消亡的循环往复。发现世间事物尽管纷纷扰扰,最终都要返回到各自根本。返回根本就是回到虚静状态,回到虚静状态叫复还起始状态,复还起始状态是万物亘古不变的自然法则,懂得万物不变的自然法则,就能彻悟大道。不懂得万物不变的自然法则,轻举妄动,必有凶险。懂得自然法则的人会拥有包容心,有包容心的人做事公正,做事公正的人通达圆融,通达圆融的人能与道同行,与道同行的人掌握了自然精髓,掌握了自然精髓的人才能长久,终身不会遇到危险。

【品析】上章讲古贤善为道,本章讲自己修道、行道之益。修道能知常,知常能近道。虚静是修道常态,变易是悟道抓手;唯静能识变,唯静能穷理,唯静能悟道。本章堪称治学问道经典。静是本章关键词。万物纷扰不息,心静能悟知万物归根。心静修道而知常然。

致虚极　守静笃

修炼大道,必须进入虚寂空灵状态,守住静谧,才能对大道统领万象有所体悟。静定持心到虚极状态,才能看清事物的本源,才能看清世间纷繁复杂的万物变化和消长,老子讲他就是在虚极静极状态下观看事物间循环往复变化,看到了万物都回到了各自本源,恢复本源就是归静,归静是万物天性。

唯静方能生智,唯静方能沉思。老子静笃,领悟了万物归根的道理;唯有心静者才能写出"蝉噪林愈静,鸟鸣山更幽""人闲桂花落,夜静春山空"的佳句。叶落归根,物死归尘,总根在哪里? 细菌将物体分解为分子,归于寂静,这是常态。南怀瑾先生说人的根在天上[4]。

认识规律,顺应规律,才算明白事理,不按规律办事,肆意妄为,必然举步维艰。懂得这个规律就能一通百通,就能包容一切;包容一切,才能坦荡无私;心怀坦荡,彻悟大道,方能与自然融为一体。这个虚寂空灵、清宁静谧境地在哪？灵山万里不出方寸。心清则清，心定则定，心若不清，六神不宁，神若不宁，心意就乱，心乱无法修道。让心灵进入虚静状态，应物观妙。心空无碍，悟道生辉。如来心空，跌坐菩提树下修成正果；庄子修道，物我两忘，蝶我合一；智闲禅师心定，劳作开悟赋诗："一击忘所知，便不假修持。动容扬古道，不堕悄然机。"老子希望修道者能够清空杂念，"保此道者不欲盈"。"致虚极，守静笃"是修道充要条件。只有达到虚静境界，才能看清万物的生成发展，才能把握从无到有、从有化无的循环往复的过程和规律。老子把静上升到哲学高度对待，涉及悟道治国安天下各个方面。经文中静字常见，静的文化基因，流淌在中华文化血液中，静是道文化的根。

发现规律　运用规律

"万物并作，吾以观其复。夫物芸芸，各复归其根。"心静方向明，心明理清晰，心静方能通过恒无的状态，去发现道的变化奥妙，通过恒有的状态，去发现道的变化轨迹。

根就是回归老家，万物皆然。"鸟飞返乡，兔走归窟，狐死首丘，寒将翔水，各哀其所生。"夫物芸芸，生生不息，万相纷呈，终究要回到初始状态，即静寂状态。宏观变微观，进入大循环，老子叫归复，佛陀叫轮回。归复是宇宙万物既定法则。知恒道，无败事。不遵守这个法则，盲目行事，必然招致祸患，妄作凶。凶，陷阱中插满尖刀或竹签，掉进去险。

万物归无而后重生。生如夏花之灿烂，死如秋叶之静美。庄子认为死亡只是生命中的一个驿站："大块载我以形，劳我以生，佚我以老，息我以死"。老庄善于从结局来看万物，率性超脱，不拘小节。一切都将归于寂寥，何必庸人自扰，自寻烦恼。庄周晓梦迷蝴蝶，望帝春心托杜鹃。一个在世洒脱，人蝶不分，一个死后化杜鹃，寄托于后人实现未了心愿。

陈抟，北宋著名道家学者、养生大家，精通老庄之学，隐居华山。陈抟对"致虚极，守静笃"体会深刻，在虚静中养生，在虚静中著书，在虚静中与天地相融，修炼成睡功。陈抟的睡不是一般人所说的睡，而是一种静养功法。他的睡歌，亦诙亦谐，散发着老庄思想的馨香：臣爱睡，臣爱睡，不卧毡，不盖被。片石枕头，蓑衣铺地。南北任眠，东西随睡。轰雷掣电泰山摧，万丈海水空中坠；骊龙叫喊鬼神惊，臣当恁时正甜睡。闲想张良，闷思范蠡，说甚曹操，休言刘备。两三君子，只争些小闲气。怎如臣，向清风岭头，白云堆里，展开眉头，解放肚皮，且一觉睡。管甚玉兔东升，红轮西坠。

陈抟老祖，深谙老子静修之妙。静以养神，动以健形，眷恋华山烟云之缥缈，仰慕华山雄奇之险峻。或闲步鸟道，携云揽雾，飘飘若仙；或趺坐岭头，欣赏烟霞，伴日月而眠；或静卧磐石上，听松涛怒吼，送飞鸟倦还；或健步苍龙岭，自如吐纳。

第十五章　取信于民　道德归心

【帛书】17. 太上，下知有之；其次，亲而誉之；其次，畏之；其次，侮之。信不足，安有不信。悠呵，其贵言也。功成事遂，而百姓皆谓我自然。

【王本】17. 太上，下知有之；其次，亲而誉之；其次，畏之；其次，侮之。信不足焉，有不信焉。悠兮其贵言。功成事遂，百姓皆谓我自然。

【析异】"信不足，安有不信""信不足焉，有不信焉"之异。信誉不足，必然无信可言。王本工于对仗，平铺直叙，气势不足，不合老子行文风格。【新编】将其调整为：信不足焉，安有信焉。

【新编】太上①，下知有之；其次，亲而誉之；其次，畏之；其次，侮之。信不足焉，安有信焉。悠兮其贵言。功成事遂②，百姓皆谓我自然③。

【注释】① 太上：高明的统治者，无为施政，民众知道有个领导在位。

② 事遂：把事情做好了。③ 自然：理应如此。

【意译】高明的执政者，百姓知道他在位，得福不知福从何来；次等的执政者，百姓亲近他，拥护他，爱戴他；蹩脚的执政者，百姓畏惧他，疏远他；无能蛮横的执政者，百姓辱骂他，痛恨他，要推翻他的统治。毫无诚信的君王，还值得臣民信赖吗？一诺千金不易。高明的统治者,成事无痕,百姓都说应该这样做。

【品析】本章老子将目光投向社会,用朴素语言刻画了四类领导人形象,论述诚信的重要性。没有诚信的人,德不配位,不配执政治理天下。

理想治国者,无为而治,举重若轻。太上治理天下很简单:讲究诚信,法令简明。上也诚信,下也诚信。《击壤歌》"日出而作,日落而息,凿井而饮,耕田作食。帝力于我有何哉?"反映了远古之民怡然简朴生活情境,折射出古民淳朴敦厚精神风貌,道出了无为而治思想。讴歌了唐尧无为治天下的美德,诠释了"百姓皆谓我自然"的内涵。

"其次,亲而誉之"。这类统治者,以德施政,以爱抚民,以行化俗,国泰民安,天下祥和。老百姓愿意亲近他,歌颂他。刘邦进咸阳,约法三章,杀人、抢劫、闹事者问罪,其他一概从轻发落,稳定了秦人之心,唯恐刘邦不为秦王。刘邦当上皇帝后,把无为而治理念,定为国策。

"其次,畏之"。下流统治者,政酷刑严,朝令夕改,毫无诚信。百姓都怕见到他,躲避他如同躲避瘟疫,如隋皇杨广。

"其次,侮之"。最差劲的统治者,丧失人性,衣冠禽兽,老百姓诅咒他,恨不得食其肉,寝其皮,自发组织起来,反抗暴政,如夏桀、商纣王。

对比论述后,老子感叹:"信不足焉,安有信焉,悠兮其贵言。"诚信是执政根本。周公一沐三握发,一餐数吐哺,成王桐叶封弟,卫鞅立木取信,曹操割发代首。俗话说,一言既出,驷马难追。言之出口,犹如泼出去的水,覆水难收。兑现诺言,方为君子。

春秋时代,天子昏聩懦弱,诸侯利欲熏心,欺世盗名,兵强天下,乱象丛生,社会分崩离析。法治酷刑成为统治者治国主要手段,人与人之间没有道义可讲,只有赤裸裸的统治与被统治关系。令老子心忧。齐景公给犯人定罪,好剁人脚,以致市场上假肢成为奇缺之货。所以老子劝导统治者,学习太上,取信于民,尊道贵德,天下归心。

第十六章 失道世乱 绝学无忧

【帛书】18.故大道废,安有仁义。智慧出,安有大伪。六亲不和,安有孝慈。国家昏乱,安有贞臣。

19.绝圣弃智,而民利百倍;绝仁弃义,而民复孝慈;绝巧弃利,盗贼无有;此三言也,以为文未足。故令有所属,见素抱朴,少私而寡欲,绝学无尤。

【王本】18.大道废,有仁义。智慧出,有大伪。六亲不和,有孝慈。国家昏乱,有忠臣。

19.绝圣弃智,民利百倍;绝仁弃义,民复孝慈;绝巧弃利,盗贼无有;此三者以为文,不足。故令有所属,见素抱朴,少私寡欲。

【析异】1.帛书以故字开篇,接"信不足焉,安有信焉"文理而来,感叹失道之哀。分章后,独立成文,故字可弃。王本行文,平铺直叙,缺乏气势。

2.【帛书】每句都有"安"字,应该出于原经;【王本】无一安字,既不符合老子行文风格,也背离了经义。"安"可作难有、少有解读。伪,本意是人为,人为有利有弊。如果人为都虚假,社会发展就会停滞不前。老子不反对有为,反对的是"有以为"。"智慧出,安有大伪",说不通;"智慧出,有大伪"语法上没问题,逻辑有问题。人是万物之灵,在于有智慧。智慧是中性词,语境不同,意思不同。【新编】用为代伪,合乎经义。

3. “三绝三弃”内容有异。见于下表：

郭简	帛书、王本	新编	论述层次
绝智弃辩，民利百倍；	绝圣弃智，民利百倍；	绝智弃鞭，民利百倍；	治国方略（道）
绝巧弃利，盗贼无有；	绝仁弃义，民复孝慈；	绝伪弃虘，民复季子；	精神伦理（德）
绝为弃虑，民复季子；	绝巧弃利，盗贼无有；	绝巧弃利，盗贼无有；	物质生活（民生）

老子在第38章中将治国方略分为五个层次：道、德、仁、义、礼。老子抛弃礼制，不排斥礼仪。中华民族，自古就是礼仪之邦。老子在人世间极力推崇圣人，对圣人褒扬有加，不会用“绝圣”一词的。19章“三绝三弃”内容，是庄子学派修改了《老子》的，有悖原经经义。

郭店竹简本段内容有三处不妥：

一是“辩”与“智”不匹配；二是“伪”和“虑”不匹配；三是语序凌乱。

对“辩”字，裘锡圭先生从古字出发，充分论证，最终确定为辩字。，即鞭，译为辩字，不妥。用辩字，虽然和老子倡导的“不言之教”观念相符，但和智搭配不当，上升不到治国方略高度。（鞭）应该是原经中文字。智指用机心治人，鞭指野蛮统治，与“黑手高悬霸主鞭”相通，可谓心狠手辣。

裘锡圭先生将郭简中、译成为、虑。对“虑”字，裘先生从否定“虘”出发，反复论证，最终确定“虑”字。虑是中性词，人无远虑，必有近忧。老子若不忧虑天下黎民百姓疾苦，他会抛弃礼制而创立道学吗？既然能译为无心字底的“为”，对应“虘 cuó”有何不妥？况且虑并不胜于虘。虘，指虎刚暴刁诈，用于修饰统治者个性贴切得很。

再者,"绝为弃虑,民复季子"前后文理不相匹配。为和伪现代不能混同。

语序一乱,逻辑就混乱。"三绝三弃",层次分明,按治国方略→精神伦理→物质生活的逻辑链演绎,脉络清晰。郭简论述的层次是:治国方略→物质生活→精神伦理。

4.“此三言”“此三者”之异。"此三言"是对"三绝三弃"内容概括,"此三者"是14章中语,指"微、稀、夷",移植本章,粘贴不上。

5.“绝学无尤”,有的放在19章,有的放在20章。学绝世之学,和"为往圣继绝学"一语相通,本文"绝学"指道学。

6.【新编】增加,"是以治国"。一语,作以过渡。

【新编】大道废,安有仁义①。智慧②出,安有大为。六亲不和,安有孝慈。国家昏乱,安有忠臣。是以治国,绝智弃鞭,民利百倍;绝伪弃虑,民复季子③;绝巧弃利,盗贼无有。此三言以为文,不足! 故令有所属:见素抱朴④,少私寡欲⑤,绝学无尤。

【注释】① 仁义:有两种内涵。一为人情伦理,二为治世方略。要具体情况具体分析。

② 智慧:这里作机心、奸诈、狡黠理解。老子厌恶用智治国、为人处世。

③ 季子:伯、仲、叔、季,季处末位,指幼童,喻指淳朴之风。

④ 见素抱朴:见👁内视,向心深处看;素,未染色的蚕丝,这里暗指道;朴,指天然原木,本义指人类早期淳朴本性,这里指道性。闻道就要抓住道的精髓不放松。

⑤ 少私寡欲:减少私心和欲望,不是让人无私无欲,而是要有所节制。

【意译】抛弃大道,世风日下。用智治国,难有大作为。家庭失和,难得父慈子孝。国家混乱,难得忠臣贤能。所以治理国家,要做到:杜绝机心治国,抛弃野蛮行径,民众获益,国家富强;杜绝欺诈蛮横行为,不刁难民众,民众自能恢复天然淳朴本性;放弃淫巧私利,物阜民丰,世道太平,盗贼自然消失。以上做法是执政者必须做到的,不是用来向自己脸上贴金的。仅做到"三绝三弃"还不够,还要加强道德修养,控制欲望,造福苍生。

【品析】本章顺"诚信"经理直言,废道有百害而无一利,谆谆告诫为政者,仅仅做到"三绝三弃"是不够的,修道用道才是上上策。间接批评执政者治国无方,抛弃大道,舍本求末。

老子感叹,执政者抛弃大道,舍本求末,为祸天下。字里行间流露出老子对现实的极为不满。文章开门见山,直抒情怀:荒废大道,机心治国,野蛮统治,为政不作为;家庭失和,空讲孝慈;国家混乱,忠臣难得。从社会到家庭,大道尽失,暗示弘道责任重大。

谁能知晓,老子在周王室供职期间,有多少个夜晚,在观星台上观天象。那浩瀚无垠的星河夜空蕴藏的秘密被睿智的老子揭晓:天行有常,一切井然和谐有序,简单而不复杂。为什么执政者非要抛弃大道这个根本,迷恋德、仁、义、礼呢? 废弃大道,社会必然混乱不堪:奸诈、欺骗、拐卖、诬陷、落井下石,家庭失和,朝堂失正。

老子世事明洞,能透过事物表象看出问题的本质,追根溯源,从根本上提出解决问题的方案,对症下药。可惜当政者,讳疾忌医,拒绝用药,将老子的治世良策束之高阁。

老子认为,执政者失道、缺德、玩弄权术,把清清人世弄得乌烟瘴气,才使仁义、孝慈、忠臣显得特别珍贵。如果上层弘扬大道,人人讲诚信,没有必要强制推行礼制;如果民众敦厚质朴,就不会有江湖骗子;如果家庭和睦,尊老爱幼,就不需要宣传父慈子孝的;如果政治清明,官吏廉洁奉公,何来忠奸? 正因为大道荒废已久,道德沦丧,征伐不断,民众流离失所,勾心斗角,尔虞我诈,六亲不认,乱象丛生,才需要忠臣出来治乱,挽救危亡。

老子清楚,人的感情复杂,尤其是野蛮统治者,总想摆脱大道,变得自私贪婪、逞强好斗、狂妄自大,妄想凌驾于自然之上、征服自然、主宰自然,妄想一手遮天,导致社会中人,与道渐行渐远,令老子痛心。细细嚼嚼,便知【王本】表述有问题。

"大道废,有仁义。"老子是说无道社会难有真仁真义。仁义虽然无法与道相提并论,但是,有仁义比不讲仁义的社会要好得多。

"六亲不和,有孝慈",六亲相互争吵,沸反盈天,反目为仇,会有孝慈吗?

"国家昏乱,有忠臣。"国家昏乱,有没有忠臣?稀少!只有官员,恪尽职守,全心全意,无私公天下,才会有太平繁荣盛世。

"智慧出,有大伪",容易导致误解。国学大师南怀瑾先生也说:"老子也反对智慧。换句话说,知识越发达,教育学问越普及,人类社会阴谋诡诈,作奸犯科的事就越多,越难摆平。"[4]如此解释若是合理的话,世界各国为什么花那么多人力物力普及教育呢?

老子一贯反对用智治国。"爱民治国能无智""以智治国国之祸,不以智治国国之福"。

老子为什么要上层抛弃"智治""伪虑""巧利"呢?老子清楚,社会上的一切乱象根源在上层。执政者无道缺德,挖空心思,机关算尽,巧列名目增税,盘剥百姓,层层效仿,层层克扣,逼得百姓无法生存,易子相食,无力行孝,铤而走险,落草为寇。令老子心忧。所以老子向执政者开出了医治社会疾病的良方,悬壶济世,拯救天下苍生。

有些人见"弃智",便说老子推行愚民政策。老子让谁弃智?让执政者!扯不上愚民。智慧是好东西,得看为谁而用。若是为民谋福祉,那绝对是好事;若是挖空心思,劫天下财富自肥,问题就严重了。世人用智发家致富是正道,用智敲诈勒索是歪门邪道。

全经中智,有褒、有贬、有中性。"智慧出""人多智巧""以其智也""以智治国"中智,都指机心私用,与放弃文明不沾边。"使夫智者""虽智大迷""知人者智""智者不言""智者不博"中智,指心智,慧根。

虚伪源于人心,世界上聪明人为大盗作铺垫。盗劫王位者是诸侯。诸侯府中歌功颂德不绝于耳,好话说尽,坏事做绝。世间难测是人心。瞬间可以越过高山大海,平静时若寂静的深渊,心念突起时,犹如脱缰野马,大海狂澜。一念天堂,一念地狱。君王是刑罚产生的根源,仁义是精神的枷锁。老子不反对仁义,反对利用仁义,欺世盗名,祸害百姓。

老子主张无为治国,执政者应该若愚、若混、若沌,不矫揉造作,以百姓心为心,顺应民心,尊重民意,民众各得其所,获利不可估量。老子规劝统治者,放弃有以为的想法,必然大益于天下。少些盘剥欺压,让利于民,藏富于民;贵在做出表率。假以时日,必然风清气正,老少无欺,共生共荣;廉洁奉公,盗贼自然绝迹。"三绝三弃,虽然不美,都是信言,就看执政者能不能垂范天下了"。这是老子发自肺腑之言。

第十七章　行于大道　超然物外

【帛书】20. 唯与阿，其相去几何？美与恶，其相去若何？人之所畏，亦不可以不畏人。荒呵，其未央哉！众人熙熙，若享于大牢，而春登台。我泊焉未兆；若婴儿未孩；累呵，似无所归。众人皆有余，我独遗。我愚人之心也！沌沌呵。俗人昭昭，我独昏昏呵；俗人察察，我独闷闷呵。忽呵其若海，恍呵若无止。众人皆有以，而我独顽以鄙。我欲独异于人，而贵食母。

【王本】20. 绝学无尤。唯之与阿，相去几何？善之与恶，相去若何？人之所畏，不可不畏。荒兮其未央②哉！众人熙熙，如享太牢，如春登台。我独泊兮其未兆；如婴儿之未孩；乘乘兮若无所归。众人皆有余，而我独若遗。我愚人之心也哉，沌沌兮。俗人昭昭，我独昏昏；俗人察察，我独闷闷。澹兮其若海，飂兮若无止。众人皆有以，而我独顽似鄙。我独异于人，而贵食母。

【析异】1. "美与恶（wù），其相去若何""善之与恶（è），相去若何"之异。"美与恶"属于审美范畴，二者无质的差别，问"相去若何"合适；"善与恶"属道德范畴，二者有天壤之别，问"相去若何"不妥。

2. "忽呵其若海，恍呵若无止""澹兮其若海，飂兮若无止""忽兮其若海，漂兮无所止"[2]之异。此句承上启下。澹，水波荡漾，风起浪涌，飂配澹恰当。老子胸襟博大，思空古今。

3. 【新编】在语序上作了适度调整。

【新编】唯与阿①，相去几何？美与恶，相去若何？人之所畏，不可不畏。荒兮其未央②！众人熙熙，如享太牢③，如春登台④。我独泊兮之未兆⑤，如婴儿之未孩；累累兮，若无所归。众人皆有余，而我独若遗。众人皆有以，而我独顽且鄙⑥。俗人昭昭，我独昏昏；俗人察察，我独闷闷。我愚人之心也哉⑦，沌沌呵，澹兮其若海，飂兮若无止。我独异于人，而贵食母⑧。

【注释】① 唯、阿：指人心态。唯是承诺、接受；阿是奉迎、谄媚。

② 荒兮其未央：荒兮，广漠，遥远，未央，无穷无尽。

③ 太牢：指古代用奴隶、马、牛、羊等人畜祭祀的盛大典礼，可作丰盛筵席解读。

④ 春台：古代贵族淫乐场所，喻指世人陶醉于情欢与美景。

⑤ 未兆：古代占卜，将龟甲加热，视龟甲裂纹预测凶吉。这里指毫无反应、无动于衷。

⑥ 顽、鄙：顽，冥顽不灵，指有个性，有主见；鄙，浅陋，言行举止被人看低。

⑦ 我愚人之心也哉：此句是幽默艺术语言。也哉语气词，"愚人之心"与"大智若愚、以道愚之"相通。

⑧ 食母：从道中汲取精神营养。

【意译】奉承与傲慢差别在哪？喜欢与厌恶差异有多大？舆论压力无人不怕。从众心理，从古到今不绝，还会延续下去。大家兴高采烈，既像享受丰盛筵席，又像春日寻欢作乐，而我淡泊宁静，对此无动于衷。我混混沌沌，像新生儿恬静地躺着，对此毫无反应；我疲倦困顿，像游子找不到归宿。大家都很富有，唯独我贫穷。大家处世，游刃有余，唯独我冥顽不灵。对世事大家都明洞清晰，我却迷糊懵懂；大家都精明灵巧，唯独我浑浑噩噩。我愚惷愚酣，浑然无象。我恬静犹如浩瀚无垠的大海，畅达犹如万里海风。不是我非要特立独行，而是我重视用道的理念滋养自己。

【品析】本章老子以独特方式，对世道人心作了深刻剖析。天下熙熙,追名逐利,人性虚伪,以假示人,贪图享乐,没有伦理底线,争名夺利,又好评头论足,揭人之短,而"我独异于人"。俗人价值观、人生观,随时空和心态而变,一般人所肯定的,正是老子所否定的。老子说自己有"愚人之心",隐含世人皆昏我独醒之意。我大智若愚,知宇宙奥妙,识天地玄机,明世道险恶。老子对俗人扭曲的人生观进行了含蓄揭露与嘲讽,从反面肯定自我。俗人纵情享乐,我坚守淡泊、清贫,不愿随波逐流,虽然孤单、落寞、窘迫潦倒,却始终不渝地追求精神上的富有,心情舒畅。

"唯与阿,相去几何? 美与恶,相去若何?"揭示了世人庸俗扭曲的心态。当面信誓旦旦,转身背信弃义,反复无常。俗人普遍爱慕美善,厌恶丑恶,追求美好事物,趋之若鹜。得到了欣喜若狂,失去了丧心病狂。俗人嫉妒心重,讥笑别人,抑善扬恶,三人成虎。老子心寒地说:"人之所畏,不可不畏"。

对修道者来说,他人恭维也好,傲慢也罢,善意也好,恶意也罢,淡然处之,心不着痕。放宽胸襟,万事释怀。世事难料,有不确定性,让人纠结。有时候行好弄巧成拙,有时候出于公心,俗人却说三道四。对理想信念,是继续坚持? 还是放弃? 有道之人不受舆论左右,坚定信念不动摇。

俗人都有强烈的占有欲,你争我夺,尔虞我诈。俗人获得了财富、荣誉和地位后,大肆炫耀,而我却抱着混沌态度,享受着恬淡宁静的生活。正因为我愚,所以心境空灵,无为自在,云淡淡,风轻轻,随日月而行,伴群星而眠。

在纷乱的红尘里,想要独立修道,必须淡泊名利,精神独立,甘于寂寞,不怕别人说你浅薄、孤傲、卓尔不群,超脱些,潇洒些,神闲心空,纳道于心。心淡自然。

淡,从水从炎。以水克火,去掉贪欲,理性生活。空气、阳光、水,是生命三宝,须臾不能少,三者无一不淡。空气淡淡,清洁透明,人人须臾不能离;日光淡淡,和合融融,柔和明亮,给人以温暖,老少皆宜阳光浴；柔水淡淡，清澈剔透，捧而饮之，滋润心扉。

云淡淡而飘逸，烟淡淡而袅娜，食淡淡而胃和，欲淡淡而心宁，思淡淡而神定。

古人以淡为美，君子之交淡如水，淡泊明志，宁静致远。淡就是纯洁、真诚，淡就是质朴、洒脱，淡就是清新、隽永，淡就是明心见性，淡就是舍得放下，淡就是安于当下。

平平淡淡做人。淡如水云，淡如清风，淡如明月。在淡淡的禅意中生活，行至水穷处，坐待云起时，"天清江月白，心语海鸥知"，用宁静的心体会人生。

平平淡淡处世。不争名利，不慕权贵，不贪声色，心如止水，神若行云。

饮食要清淡，居室要雅淡，性情要恬淡，心境要禅淡。在平淡中去体验精神的富有，去领悟生命的真谛，去释放人生的光华。

唯淡方能使人清醒、明智、坦然。淡而能泊，淡泊是一种品格，一种境界，一种美德，一种超然。淡则能静，静则能安，安则神宁，神宁则气定，气定则怡然，怡然则心适。

第 4 单元

孔德之容　唯道是从

第 4 单元，先陈述道的物质性和法象，再逐章讲修道、行道、守道、积德做法，细致具体，发人深省。

第十八章　道隐虚无　精真信实

【帛书】21. 孔德之容,唯道是从。道之物,惟恍惟惚。惚呵恍呵,中有象呵;恍呵惚呵,中有物呵。窈呵冥呵,中有情呵,其情甚真,其中有信。自今及古,其名不去,以顺众父。吾何以知众父之然也,以此。

【王本】21. 孔德之容,唯道是从。道之为物,惟恍惟惚。惚兮恍兮,其中有象;恍兮惚兮,其中有物。窈兮冥兮,其中有精,其精甚真。其中有信。自古及今,其名不去,以阅众甫。吾何以知众甫之状哉!以此。

【析异】1. "道之物""道之为物"之异。"道之物"讲道的物质性,说道是隐身之物,难以言表;道在运行过程中呈现出的法象又是清晰的。文章跌宕起伏,加"为"字,说由道构成物质,前后文理脱节。

2. "情""精"之异。精,米是稻、粟脱壳颗粒,青出于蓝而胜于蓝,喻指细微颗粒。精是对"夷、稀、微"的抽象概括。情,精神层面修饰词,与微粒观不匹配。

3. "自今及古""自古及今"之异。由今及古,与14章"执今之道"一致。

4. "然哉""状哉"之异。高明先生认为,是状和然字形相像引起的。状![状篆书]、然![然篆书]字形差别大。状由爿(床)和犬构成,然由肉、犬、火组成。状,指状态;然,通晓缘由,明白事理。道之理可领悟,道之状难把握。

【新编】孔德之容,唯道是从①。道之物,惟恍惟惚。惚兮恍兮,其中有象;恍兮惚兮,其中有物。窈兮冥兮②,其中有精,其精甚真,其中有信。自今及古,其名不去,以阅众甫③。吾何以知众甫之然哉?以此!

【注释】① 孔德之容,唯道是从:专家将"孔"解释为大或小者都有。就经义而言,孔向大向小解读都不适宜。循字源,易明经理。孔 🜉 小孩吃奶,母乳是生命之源,喻指人的一切德性规范必须合道。德似小孩,道似母乳,道左右着德的方向。

② 窈、冥:窈,深远;冥,暗昧、虚空。合起来描述宇宙时空。

③ 以阅众甫:甫通圃,喻指用来观察万物初始形态。

【意译】一切德性修为,必须遵循大道不偏离,周流运行。道虚空杳冥,恍恍惚惚,惚惚恍恍,却具备了形象特征;它惚惚恍恍的样子,却富有物质性;它这种深邃模糊幽暗昏昧的状态,其中充盈着细微精粒。这种精粒真实存在,真实可信。道的法象形态从来就没有消失过,一直引领着我去体察宇宙的起源和演化。我是怎么知道天地万物演化过程的呢?就是从道的运行规律中推演出来的。

【品析】本章开篇用"孔德之容,唯道是从"过渡,笔锋一转,呈现无形无状的大道之象。从字里行间不难发现,老子从宇观、宏观、微观层面(由象→物→精),论述道的物质性,逻辑严谨,一气呵成,天衣无缝。老子认为道启天地混沌,看似虚无,却有物质性。连用"其中有象""其中有物""其中有精""其中有信"等语,陈述道的客观性。从象到物、到精、到信,虽然带有浓郁的想象色彩,却和现代星云说相似。用恍兮惚兮描述,十分贴切。古往今来,物变道不变。把握了道的精妙,一切事物来龙去脉就容易弄清楚。

道体虽然模糊不清,给人以恍恍惚惚不确定之象,这不奇怪,因为道由细微颗粒组成的。老子虽然没有分子、原子概念，但他凭借天才性直觉，和过人的悟性，从气虚缥缈、炊烟袅袅、云水轮回、岩石化土壤、埏埴为器等系列演变中，领悟到微观粒子的存在。老子的微观粒子思想细致具体，如夷、稀、微。精是对夷、稀、微的抽象概括，包含了微粒思想。道既不是老子凭空想象出来的绝对精神产物，也不是实实在在显性物质。道的客观性渗透在万物之中，凌驾于万物之上。宇宙中一切物质都在道的支配下生灭，周而复始，亘古未变。

老子心目中的道，突破了物质与精神、客观与主观、有神论与无神论的界限，统一了人们对宇宙与人类的基本认知。大道与自然万物是统一的，一元生万物，万物归一元，循环往复，不可穷尽。宇宙天体万物无不源自于道，老子说他就是从这一历史源头上领悟出来的。

天地万物从何而来？古今贤达，仁者见仁，智者见智。老子曰道，墨子曰端，后世哲学家总结为金木水火土，希腊哲学家德谟克利特说原子，亚里士多德说土气水火四元素，现代科学家认为是基本粒子。基本粒子生于能量，粒子湮灭幻化为能量，质能相互转化。基本粒子不基本，粒子无限可分，难以穷尽。最令人不可思议的就是，还有 95％ 的物质（暗物质和暗能量）目前无法探测到，它们是由什么构成的？科学家无法回答。老子在 2500 多年前给出了答案：受隐性物质道的主宰。"道生一，一生二，二生三，三生万物"（一、二、三都是道运作下的某种状态物质）。"万物生于有，有生于无""有无相生"。现代科学探索反复证明，维系宇宙 95％ 的物质来源于星系之间的虚空，无形物质是我们这个宇宙的主宰者。循道之理，我深信暗物质和明物质之间，一定遵循某种机制，相互转化。宇宙中不存在不循环的物质，循环往复合道。"夫物芸芸，各复归其根"。

第十九章　唯曲能全　为道易明

【帛书】22. 曲则全,枉则正,洼则盈,敝则新,少则得,多则惑。是以圣人执一以为天下牧。不自见故明;不自是故彰;不自伐故有功;弗矜故能长。夫唯不争,故莫能与之争。古之所谓"曲则全"者,岂虚语哉! 诚全归之^①。

【王本】22. 曲则全,枉则直,洼则盈,敝则新,少则得,多则惑。是以圣人抱一为天下式。不自见故明;不自是故彰;不自伐故有功;不自矜故长。夫唯不争,故天下莫能与之争。古之所谓"曲则全"者,岂虚言哉? 诚全而归之。

【析异】1. "正""直"之异。矫枉过正是心态、行为校正,矫曲为直是物性校正。正在老子心目中地位极高,渗透在中华文化中。如拨乱反正、邪不胜正、名正言顺等。

2. "执一以为天下牧""抱一为天下式"之异。战胜蚩尤后,为治理好天下,黄帝率文武大臣到具茨山拜访神仙大隗。途中迷路,巧遇牧童。黄帝问询牧童,牧童回答如流,令黄帝惊讶。黄帝便向他请教治天下之理。牧童见黄帝心诚,便说:"夫为天下者,亦奚以异乎牧马者哉? 亦去其害马者而已也。"治理天下,跟牧马道理相同。马要牧得好,就要除去一切危害马儿天性的事。治理天下道理也然,趋利避害,顺势而为。黄帝稽首称天师。继而开道治天下先河,华夏大兴。这一故事被老子凝成:"圣人执一为天下牧"真言。执一,依道治国,抱一,神形合一;牧,管理,治天下;式,垂范,楷模。

3.“夫唯不争,故莫能与之争”“夫唯不争,故天下莫能与之争”之异。66 章有“以其不争,天下莫能与之争”句,陈述的是圣人想当侯王,从对立统一,相反相成的矛盾关系入手,讴歌圣人品德,本章论述修道,两章义理迥异。

【新编】曲则全,枉则正,洼则盈,敝①则新,少则得,多则惑。是以圣人执一为天下牧。不自见故明;不自是故彰;不自伐②故有功;不自矜故长。夫唯不争,故莫能与之争。古之所谓“曲则全”者,岂虚言哉？诚全而归之③。

【注释】① 敝:凋敝,替换。②伐:夸耀。

③ 诚全归之:虔诚遵循古人真言,终身践行。

【意译】能够经受委屈考验的人,定能不断修正错误;能够忍受侮辱的人,必能守成创新;能够甘居陋室的人,必能堪当大任。不断温故消化吸收旧的观念,方能与时俱进,清空垃圾信息,更新思想观点。所以说有道德修为的人,总是坚守道的理念,把它作为处理一切事务的准则。不以自己的见解为见解,更能看清事实真相;不以自己的是非为是非,是非容易得到明辨;不居功自傲,容易功成名就;不骄傲自大,容易得到别人尊重,更能成为领导者。正因为你不刻意去争,还有谁能与你争锋呢？古人所说“曲则全”的话,会是空话吗？是合乎道的。能忍辱负重的人,必能赢得未来。虔诚地接受古人这一教诲吧。

【品析】本章老子为修道者指明路径,讲修道明德做法,讲辩证法,讲矛盾对立统一,讲善曲不争。开篇紧扣上章“孔德之容,唯道是从”要义,用六对矛盾关系,开悟修道者,启迪后来人。曲中求全,枉中取正,盈科后进,敝而新成,少私寡欲,贪婪招祸,视无为有,以退为进,方显大智慧。勾践屈王者身恭奉吴王三年,回到故国,卧薪尝胆,十年生聚,一举灭吴。江河弯曲是常态,人生曲折是常态,砥砺前行,风雨之后,方见彩虹。

仰望星空，每个星体，无不循曲线弧道行进，现代科学证明，虚空都是弯曲的。俯视大地，无平不陂，无物不曲。生物圈内，食物链中，无不以曲求全，施展求生独门绝技。变色龙的肤色随背景色和温度变化而变化，与周围环境融为一体，既有利于藏身，又能迷惑对手，也有利于捕捉猎物。蛇体态柔软，随意改变形态，既能有效躲避天敌，前行又不受环境阻挠。狂风能将参天大树折断或连根拔起，小草却丝毫无损；大树不能忍，硬撑死抗，岂能不折？小草身柔，无论风向咋变，直过也好，旋转也罢，都能随风就势，应变自如。江河曲折行远，山不让道，绕山而行。人要善于从自然界中汲取智慧，保全自己，不与人争，低调做人。

老子倡导曲全生存哲学，有人嗤之以鼻，认为消极避世，乌龟哲学。殊不知做人过于清高，必遭人嫉妒；过于霸道，必然树敌；待人严厉苛刻，必然被人孤立。"木秀于林，风必摧之；堆出于岸，流必湍之。"水至清则无鱼，人至察则无徒。人生不可能一帆风顺，世道险象环生，美丽藏陷阱，口蜜腹剑，笑里藏刀。行到至高处，知进退者明智。让道于人，成全自己。得道之人明白个中道理，永远保持低调，不与人争。

当年刘基与朱元璋初次相见，刘基有心追随，辅佐朱元璋成就王业，却不露心迹，等待时机。朱元璋早闻刘基大名，是否真像世人所传那么神乎？他心里没底，设宴款待，以探虚实。酒至半酣，朱元璋摆动手中斑竹筷子说：久闻先生大名，可否以我手中竹筷为题，赋诗一首？刘基沉思片刻，缓缓吟道：一对湘江玉并看，二妃曾洒泪痕斑。汉家四百年天下，尽在留侯一箸间。引经注典不着痕，妙语道明臣王心。

第二十章　修道得道　离道失足

【帛书】23. 希言自然。故飘风不终朝,骤雨不终日。孰为此?天地而弗能久,又况于人乎?故从事于道者同于道,德者同于德,失者同于失。同于德者道亦德之;同于失者道亦失之。

【王本】23. 希言自然。故飘风不终朝,骤雨不终日。孰为此者?天地!天地尚不能久,而况于人乎?故从事于道者,道者同于道;德者同于德;失者同于失。同于道者,道亦乐得之,同于德者,德亦乐得之;同于失者,失亦乐得之。信不足焉,有不信焉。

【析异】1. "天地"是衍生语。"孰为此者?"是设问,没有必要直白回答。狂风骤雨就是天地的发泄,加天地,累赘。

2. "同于德者,道亦德之;同于失者,道亦失之""同于道者,道亦乐得之,同于德者,德亦乐得之;同于失者,失亦乐得之"之异。帛书简明:心界有多高,人生格局就有多大;人的行为在哪个层次,道就落到哪个层次,修德道同德,失足道尽失。帛书以道贯之,王本道与德是分裂的。

3. "又况""而况",即"何况",【新编】用"何况"。

4. 王本多出"信不足焉,有不信焉"语,此语出自 17 章,是针对执政者执政而言,本章论述修道,修道境界有别,不是信与不信所能概括的。

【新编】稀言自然①。故飘风不终朝,骤雨不终日。天地尚不能久,何况于人乎？故,从事于道者^②同于道,德者同于德,失者同于失。同于德者,道亦德之;同于失者,道亦失之。

【注释】① 稀言自然,稀,少;言,不特指人;《礼纪·曲礼上》记载"鹦鹉能言,不离飞鸟,猩猩能言,不离禽兽";自然,喻指合道。天地万物守静合道。

② 从事于道者:弘道的人,按规律办事,行为合乎道,喻指为政者依道施政。

【意译】慎言稀语,合乎大道。狂风再猛刮不了一个早晨,暴雨再凶不可能一天下到晚。狂风骤雨是老天爷抖威风、发泄淫威的行为,也持续不了多久,人还折腾什么呢！所以说,人必须按规律办事。修道的人,亲道、行道、不离道;修德的人,按德的理念办事,不离德;不按道德理念办事,就会在错误道路上越走越远。与德同伴的人,道与德等价;与错误同行的人,道会完全丧失。

【品析】"稀言自然"是本章论点。本章顺"曲则全"立论,围绕稀言谈道论德,表达无为思想:无为是道,有为是德,妄为必失。用自然运行规律启示世人,谨言慎行,贵言守信,言必行,行必果。说真话,办实事,践行诺言,不狂妄自大。

稀言自然

"稀言自然",有多重解读:其一,提醒执政者,治国要无为,减少法令,不扰民;其二,告诫世人,言多必失,沉默是金;其三,告诫人们,说话要和风细雨,不要声嘶力竭,与"行不言之教""悠兮其贵言""多闻数穷"有异曲同工之妙;其四,提醒人们,少说偏激的话、废话,不讲大话、空话和假话。行不离道,讲实话,说真话,坚守本真。

圣人不言,潜移默化救人;地不言,四季更替有序;天不言,日月升落有时;道不言,万物自宾。稀言是常态。老子以天地开悟众生:狂风再猛,刮不了几个时辰,暴雨再凶,不可能整天下个不停。天地想摆脱大道,任性抖威风,歇斯底里,也做不到,人还瞎折腾什么! 执政乱为,弄得天怒人怨,能不失天下吗?

同道得道

近朱者赤,近墨者黑。物以类聚,人以群分,跟好学好,跟坏学坏,跟着扒手顺手带。鱼不可离水脱渊,鸟不可离树脱林,人不可离道脱德。依道行道,道就庇护你,积德行德,获德滋润,若是离道离德,犹如水上浮萍,漂泊无定。所以老子说:道者同于道;德者同于德;失者同于失。强调修道积德的必要性。

人心朝向哪里,哪里就是归宿。心若不和道契合,必然和不健康的东西为伍。孟母为教子三迁住地;吕僧珍百金买屋,万金买邻;陶渊明迁居吟诗明心:"昔欲居南山,非为卜其宅。闻多素心人,乐与数晨夕。"与道相和,被道接纳,受大道呵护。鹤翔蓝天,燕雀栖桁,苍蝇逐腐,云团飘逸,尘埃沉降。现实生活中,你和谁在一起很重要。跟着蜜蜂找花朵,跟着苍蝇找厕所;与智者为伍你会不同凡响,与高人为伍你能登上巅峰;与狼为伍只会嚎叫,必然丧失人性。

同道得道,修德道同德,失足道尽失。生物界不缺乏生存智慧。植物向光、向水、向肥;鸿雁、紫燕知时往返;鱼、龟、鳖回故渊产卵。鱼畅游于江湖,人相忘于大道。人不同于动物,动物行为纯属天性使然,人有主观能动性。当主观能动性支配下的行为合乎自然规律时,人就能从自然中获益;在主观能动性支配下的行为忤逆自然规律,必然受到自然惩罚。

第二十一章　企者不立　夸者不明

【帛书】24.企者不立,自是者不彰,自见者不明,自伐者无功,自矜者不长。其在道也,曰:余食赘形。物或恶之,故有裕者弗居。

【王本】24.企者不立,跨者不行。自见者不明,自是者不彰,自伐者无功,自矜者不长。其在道也,曰余食赘形。物或恶之,故有道者不处也。

【析异】1.帛书甲本和乙本都没有"跨者不行"语。跨步强行是致远,与老子哲学思想不相容。老子认为,道至高无上,修道要不断向上,不断追求,逐步升华。"不出户,知天下;不窥牖,知天道。其出弥远,其知弥少。"修道要"致虚极,守静笃",苦行万里没有用。道理在我们身边,行多远都一样。立足本章,添加"跨者不行"语,对仗工整,没问题!放到全经思考,走进老子哲学世界,就不妥了。从经义内在性考虑,【新编】与帛书保持一致。

2.【新编】将"其在道也,曰"调整为:其在道者曰。

【新编】企①者不立。自见者不明,自是者不彰,自伐者无功,自矜者不长。其在道者曰:余食赘形。物或恶之②,故有道者不处。

【注释】① 企:企是甲骨文🎵直释,垫起脚跟站立。

② 物或恶之:人神共愤。物,宽泛,可指动植物、人、鬼、神等。

【意译】垫起脚跟,用脚尖站立,不能久立;自我显摆的人,难以出众；自以为是的人，谁也不看好他；自吹自擂的人，功劳再大别人也不认可他；自高自大的人，难以成为领袖。这些做法无一合道。用大道来衡量，如同残羹剩饭和身上的肉瘤。残羹剩饭令人厌恶，骈拇枝指被人嫌弃。所以明白事理的人决不会那样做。

【品析】本章以"企者不立"立论，连用四个"自……不……"句式，旁征博引，说自是、自见、自伐、自矜都是离道行为，有害无益。急躁冒进，急功近利，自我炫耀，自不量力，都会偏离大道。你有多高就多高，何必踮起脚跟，抬高自己；标新立异，好高骛远，徒劳无益。踮脚求高，自我膨胀，自欺欺人。满招损，谦受益。自是、自见、自伐、自矜，在有道者看来，如同馊食残羹、骈拇枝指。

为人不要觉得自己能力比别人强，头脑比别人灵光。自以为是者糊涂，自高自大者愚不可及，自我标榜者自毁前程。峣峣者易折，皎皎者易污。有道者谦恭处下，大智若愚。

企立不稳，心急吃不得热豆腐。民间一位老太太，要为如花似玉的女儿选择一位办事牢靠的佳婿。上门求婚的年青人络绎不绝。老太太择婿的条件很特别，吃热稀饭比赛：谁先吃完谁入赘。求婚心切又急躁的小伙子们，端起大碗粥就喝，纷纷败北。有个小伙子，他见了热气腾腾的稀饭，拿起勺子，舀一勺，吹一吹，越吃越快，最后赢得芳心。

世人多有自是、自见、自伐、自矜的坏毛病，老子多次强调不能沾染这些不良息气，切不可以"自我"为中心。以自为中心成息字，息者自我毁灭。

做人不可贪图虚荣，不可妄自称大。狂妄自大莫过于苻坚。政局刚刚稳定，就轻率百万大军南下，企图一举灭掉东晋。大军驻扎淝水之滨，洋洋自得地说：我军将士，把马鞭投入淝河，河水也会停止流淌，取尔东晋鸟朝，如囊中探物。结果上演了一幕"八公山上，草木皆兵"的历史闹剧。淝水战败后，苻坚回到老巢，内部倾轧，自裁而死。

人非圣贤，能自明自谦，善莫大矣。齐国相国晏子，有一天坐着车子出门。车夫的妻子从门缝里观看：见自己丈夫替相国驾车，坐在大伞盖下，挥鞭赶着高头大马，神气十足，自鸣得意。车夫回到家中，他的妻子闹着要跟他离婚。弄得车夫丈二和尚摸不着头脑，连忙问其缘故。妻子没好气地说："晏子身高不满六尺，当了齐国相国，名震天下。今天，我看他神情深沉，态度谦逊。而你呢？身高八尺男子汉，不过是个替人赶车的车夫，却是那样踌躇满志，像你这种人会有什么出息呢？这就是我要和你分手的理由。"从此以后，车夫自我修炼，谦虚谨慎起来。晏子感到奇怪：他怎么像变了个人似的？便问车夫是咋回事。车夫将实情告诉了晏子。晏子很满意，不久便推荐车夫做了齐国大夫。

第二十二章　知不知尚　不知知病

【帛书】73. 知不知,尚矣;不知知,病矣。是以圣人之不病也,以其病病,是以不病。

33. 知人者智,自知者明。胜人者力,自胜者强。知足者富,强行者有志。不失其所者久,死而不亡者寿。

【王本】71. 知不知,上;不知知,病。夫唯病病,是以不病。圣人不病,以其病病,是以不病。

33. 知人者智,自知者明。胜人者有力,自胜者强。知足者富,强行者有志。不失其所者久,死而不亡者寿。

【析异】帛书 73 章文字精炼简洁。33、71 两章内容,相辅相成,珠联璧合。

【新编】知不知尚①;不知知②病。圣人不病,以其病病③,是以不病。

知人者智,自知者明。胜人者力,自胜者强。知足者富,强行者有志④。不失其所⑤者久,死而不亡者寿⑥。

【注释】① 知不知尚:尚,高尚;世事明洞却深谙糊涂学,这是很高尚的修养。

② 不知知:不知道自以为什么都知道。

③ 病病:此病,指错误。担忧犯错误而自我警惕。

④ 强行者有志:砥砺前行,为他人所不能为,忍他人所不能忍。

⑤ 所：处所，指追求的目标，心灵归宿。

⑥ 死而不亡者寿：人死精神不死，永远被后人怀念。

【意译】万事了然于心却自谦无知，这是很高明的人；不学无术却自以为什么都知道，是很有问题的人。有道德修养的人之所以没有瑕疵，因为他时刻警惕错误，所以很少犯错。

能够看清他人、驾驭他人的人，是有智慧的人；能够认识自己、驾驭自己的人，才是高明的人。能够战胜别人的人，是有能力的人；能够战胜自我的人，才是真正强大的人。知道满足的人，是精神富有的人；能够克制欲望、矢志不渝为理想而奋斗的人，是志向远大的人。终身为理想而奋斗的人，虽然他们已经谢世，人们仍然怀念他。坚行大道、传播大道、为天下苍生幸福不懈奋斗的人，尽管他们已经逝世，后人继承他们遗志，他们与天地同寿。

【品析】世本 71、33 两章内容，相辅相成。前文说知之为知之，不知为不知，不要打肿脸充胖子；后文讲既要知人，更要知己，胜人者力，自胜者强；讲谦下道理，讲精神不死。

本章前文以病为喻，着力讴歌圣人的高尚品质：坦诚缺点，克服缺点，反而没有缺点。暗示圣人治天下是百姓之福。本章言简意赅，读懂前文经义，搞清知与病的内在联系，至关重要。病病者没有病，知知者真有病。知其不足，才能奋进。既要知人长短，更要自知之明。

前文三句话，三段论，层层推进，论述病与不病就在知与不知间。人要自知之明，不要不懂装懂。大智者知其不足而完美，俗人自以为无所不知，百事通，从事多败事。

人就怕不能自知之明，不知天高地厚。"知不知尚；不知知病。"知道了不要自满，真正有智慧的人，事理了然于心，却抱朴守拙，懵懂若愚。道家倡导深藏不露。一个人就算自己知识很丰富，也没有值得骄傲的，世间上你不知道的总会比你所知道的多得多。"知不知"，才是真正高明者。世间芸芸众生恰恰相反，不明事理，却装百事通，夸夸其谈,招摇过市,是真的有病,病得不轻。不学无术,目空一切,贬低别人,抬高自己,打肿脸充胖子。

孔子曰:"知之为知之,不知为不知,是知也",苏格拉底曾说过一句名言:我唯一知道的就是知道自己什么都不知道。圣人都谦逊,洞明天下事,却认为自己一无所知。

"圣人之不病,以其病病"。老子推崇圣人,因为圣人不病。圣人不是没有错误和不足,而是承认自己有缺陷,努力改正,这叫知病者不病。毛泽东主席曾反复告诫全党,要不断总结经验,从失败中吸取经验教训。"错误和挫折教训了我们,使我们变得聪明起来。"美国第37任总统尼克松在毛泽东书斋里,当面请教毛泽东的成功经验。他的答复简短六个字:不断总结经验。知错改错,善莫大矣。圣人心理健康强大,谦虚谨慎,戒骄戒躁,品德日臻完善,成为众人的楷模。

真正入道的人,是不会轻易表露自己观点的。颗粒饱满的麦穗总是下垂的,干瘪的麦穗却高昂着头。贝罗尼有一天在瑞士日内瓦湖畔写生,正好有三位英国女士经过,她们看着他绘画,指指点点,这里色调不协调,那里线条有问题。贝罗尼礼貌地点头致谢。第二天贝罗尼在河畔又遇到了那三位女士。其中一位突然问他:听说大画家贝罗尼正在瑞士度假,你知道他住在哪里吗? 我们仰慕已久,很想去拜访他。贝罗尼微笑着说:我就是贝罗尼。三位女士大吃一惊,脸色红一阵,白一阵。

"以其病病,是以不病",是对前文的总结,唯有把错误当错误,才会少犯或不犯错误。一切众生在病中,病根就在皆知中。世事难料,糊涂点好。聪明难,糊涂难,由聪明转入糊涂更难。糊涂学,是"以其病病,是以不病"的另一种版本。嵇康之所以被司马氏所杀,就是不通糊涂学。

文章后部内容,是老子人生哲学的又一座高峰。老子运用对比手法,将知人与知己、胜人与胜己、知足与强行、不失其所与死而不亡对举,强调丰富精神生活的重要性。提醒执政者,要积极修身,既要知人，更要知己，既要知足，更要修道，活得洒脱，死得其所。为此老子提出不断完善自我、提升自我、精神永存的观念，成为道德修炼的最高境界，成为后世儒家学者精神支柱。"人生自古谁无死，留取丹心照汗青""我自横刀向天笑，去留肝胆满昆仑"等诗句，饱含精神不死的道家思想。

老子反复强调自知之明，主张"不自见""不自是""不自伐""不自矜"，告诫世人："自见者不明、自是者不彰，自伐者无功，自矜者不长""知足者富""不自生"者长生。老子认为，"知人""胜人"不及"自知""自胜"。强调认清他人、驾驭他人的人，不及反观自己、战胜自己、驾驭自己的人。纵然是锉骨扬灰了，对具有"自知""自胜""知足""强行"的修道者而言，精神不朽，与天地同寿。

世间不自知的人，往往狂妄自大。赵括不自知而败于长平，导致赵国不久亡国；马谡不自知而失街亭，导致蜀军处处被动，险象环生，孔明被迫险中求生，实施空城计。刘邦能自知之明，所以他能战胜强大对手项羽。"大风起兮云飞扬，威加海内兮归故乡，安得猛士兮守四方"唱出了他的心声。刘邦在衣锦还乡的酒席上坦言：张良、萧何、韩信三人乃当世人杰，幸能用之而得天下。

战胜别人是外在的强大，战胜自己是内在的强大，胜人者易，自胜者难。否定别人容易，自我否定困难。善于否定自己是英雄，是一种境界，是凤凰涅槃。虫蛹自我否定而化蝶，人若能自我否定，上帝定会垂青于他，悄悄地为他打开另一扇门，人生必定柳暗花明。

身为竹林七贤之首的嵇康，是魏晋时期人们争相崇拜的精神偶像。魏晋时期，司马氏与曹氏之间权力争斗异常激烈，朝纲一片混乱。文人不仅无法施展才华，还得为自家性命担忧。所以他们崇尚老庄哲学，以清淡饮酒方式，排遣心中苦闷，刘伶醉酒，明哲保身，蒙混度日。

嵇康虽然把目光投向了道家的自然观，追求放达的人生境界，在宁静中寻找心灵依托，或把酒临虚，或纵情放歌，或松下操琴，或林中谱曲,或放舟湖上,或负箦采药,或抡锤打铁,或与隐者小住,或石上曲肱而眠,努力寻找着庄子那只蝴蝶。将自己对自然的感悟,化作缥缈无形的韵律。《嵇氏四弄》,受到世人的喜爱和推崇。

极富音乐奇才的嵇康,在人与自然的和谐共存方面,表现得极为出色,然而他面对人生与社会关系这门学问时,学得很糟糕。道家的哲学理论滋养了他的艺术才华,老子守柔处弱的处世哲学他却没有入门。不知道"知雄守雌、知白守黑、知荣守辱"的真正内涵;他看不透病态社会的症结所在,他勇于敢,提出"非汤武而薄周孔,越名教而任自然"的观念,直接挑战了司马家族以名教治天下的统治理念。

嵇康身为曹氏女婿,个性狂傲不羁,口无遮掩,司马王朝岂能容他?隐者孙登曾赠言于他说:"君性烈而才俊,能免于今世乎?"一语中的。嵇康虽然一生超然物外,却始终没有躲过世俗龌龊和卑劣射来的暗箭。临刑前,嵇康弹奏了他的新作《广陵散》。在一波三折琴声中,世人听不到生命将逝的悲苦,感受到的是乐者那豁达而包容天地的胸怀,让人们忘记了自己,忘记了死生,情琴合一,人琴合一,天人合一。

第 5 单元

道法自然　法道无为

第 5 单元，先陈述道象，后讲行道用道。 第二十三章讲道法自然，其他章具体讲法道无为之益。

第二十三章　道法自然　法道自然

【帛书】25.有物混成,先天地生。寂呵寥呵,独立而不改,可以为天地母。吾未知其名也,字之曰道。吾强为之名曰大,大曰逝,逝曰远,远曰反。故道大、天大、地大、王亦大。国中有四大,而王居其一焉。人法地,地法天,天法道,道法自然。

【王本】25.有物混成,先天地生。寂兮寥兮,独立而不改,周行而不殆,可以为天下母。吾不知其名,强字之曰道,强为之名曰大。大曰逝,逝曰远,远曰反。故道大、天大、地大、王亦大。域中有四大,而王居其一焉。人法地,地法天,天法道,道法自然。

【析异】1.郭简、帛书无"周行而不殆",原经必如此,经义该当如此。"周行",指循环畅通。王本将万物循环往复移植于道。道不像任何物质,即使振荡的宇宙,也不是道的循环。一切循环都受道的支配。老子曰:"似不肖,若肖久矣其细也夫"。斗转星移、花开花谢、云水轮回、物种生灭、宇宙生灭都不是道,讲道"周行而不殆",无逻辑可依。循环之物摆脱不了轮回宿命论,唯道永恒。

2."可以为天地母""可以为天下母"之异。王本前用"天地"后用"天下",逻辑混乱。"天下"有广义和狭义之分,狭义指中国,广义指人世间(包括中外),但不包括天。由天地到天下,与道是万物之母不相称。

3."国与王""域与王""域与人"[13]之异。联系"人法地、地法天、天法道"语,域指宇宙,将域与国对应不妥。具体陈述时用王,总述时用人,人、王混用,逻辑混乱。

4.【新编】将"强为之名曰大"调整为:强名之曰大。中国人的名与字,过去是分开的。如曹操,名操,字孟德。老子将道拟人化,却不好命名,权且字之曰道,名之曰大。

【新编】有物混成①,先天地生。寂兮寥兮②,独立而不改,可以为天地母。吾不知其名,强字之曰道,强名之曰大。大曰逝③,逝曰远,远曰反④。故道大、天大、地大、人亦大。域中有四大,而人居其一焉。人法地,地法天,天法道,道法自然⑤。

【注释】① 有物混成:此物指道。太初一体,混沌不分,只有虚无,没有物形。

② 寂、寥:寂无声息,寥无形态,道空旷无比,却有物质性。

③ 大、逝:大,道广阔无边,蕴藏无限能量。逝,道运行不止,永久不息。

④ 远、反:远,无边际,指道空间广延性,反,不可理解为返回,指与一切物质相反。

⑤ 自然:自自然然,不是指自然。

【意译】有一种天然混成的东西,在宇宙产生前就存在了。它无声无息,独立长存,运行永不衰竭。我不知道该叫什么,姑且称为"道";勉强形容它广大无边;广大无边而运行不息,运行不息而深远无际,深远无际,不同于一般物质运行规律。所以说,道大,天大,地大,人也大。宇宙中有四个大,人也占一大。人要学习大地的厚德载物品质,大地要学习苍天的高远广阔胸怀,苍天要学习大道的无限创生本领,道的运行方法,浑然自成。

【品析】本章妙语陈道性,美言赞人大,陈述道是不可驾驭、不可言状、亘古存在的恢宏之物;言道浑然一体,无声无形,运行不息,能量无穷无尽,至高无上。道超越时空,超越轮回,是绝对存在的唯一。宇宙中一切事物都是过眼云烟,唯有道永恒、绝对独立。宇宙万物,只有人能认识道、体悟道的奥妙、把握道的特性,为人所用,所以人也伟大。

玄远无际是大,细密无极是大,无限广阔是大,无限细微是大,无始无终是大,无穷无尽是大。人也大,但不可妄自称大,要用大道法则规范行为。曾国藩曾有一段名言:知天之长,而吾所历者短,则遇忧患横逆之来,当少忍以待其定;知地之大,而所居者小,则遇荣利争夺之境,当退让守其雌;知书籍之多,而吾所见者寡,则不敢以一得而喜,而当思择善而约守之;知事之多,而吾所办者少,则不敢以功名自矜,则当思举贤而共图之。坐井观天、圈地为牢、固步自封者愚不可及。明理法道,是为要妙。

对物质的认识,中国古代就有两种观点。一种认为物质无限可分:"一尺之垂,日取其半,万世不绝。"另一种观点认为,物质分到极点的时候就不能再分了,老子称为"精",墨子叫"端",现代人称为基本粒子。精、端是最早的微粒说。古希腊哲学家德谟克利特持粒子观,说万物都是由不能再分割的原子所组成。18世纪英国化学家道尔顿,把德谟克利特的原子观系统化。他认为原子是化学反应中不可再分的最小微粒,科学上称之为道尔顿原子论。这种观点统治科学界近百年。19世纪末,放射现象的发现和从原子中跑出电子,人们才逐渐放弃原子不可再分的观念。事实说明,不但原子可以再分,构成原子的核子、电子都是可分的。核子由夸克子构成。夸克能不能再分? 当然能分。它比生成宇宙的那个奇点直径大 10^{16}。基本粒子不基本,即使是宇宙奇点也能分裂。如今人类知道,真空有涨落,空间能弯曲,虚空能量无限,原子中电子可以跃迁,核子中夸克子纵情探戈舞,真是"玄之又玄"。我们的宇宙万物都源自那个小不点裂变。

第二十四章　坚守大道　深根固柢

【帛书】26. 重为轻根,静为躁君。是以君子终日行,不远其辎重。虽有荣观,燕处则昭若。奈何万乘之王,而以身轻天下。轻则失本,躁则失君。

【王本】26. 重为轻根,静为躁君。是以圣人终日行,不离辎重。虽有荣观,燕处超然。奈何万乘之主,而以身轻天下。轻则失本,躁则失君。

【析异】1. "君子""圣人"之异。君子与圣人有区别,君子指修道中人。圣人修道不离道,一般人做不到,正常! 修道君子与道若即若离,都能超然物外,大国君王应该也能做得到。可大国君王就是没有做到,以身轻曼天下。用"君子"比"圣人"准确。

2. 有"远""离"之异。此远,有若即若离、不即不离之意,适合君子身份。

3. 有"本""根"[2]"臣"[6]之异。帛书前文用根,后文用本,既避免重复,又突出政治哲学内涵。民为邦本,根本之本是道。重义轻道,就会失去根本。用"臣"格局太小。

【新编】重为轻根,静为躁君①。是以君子终日行,不远辎重②。虽有荣观,燕处超然③。奈何万乘④之主,而以身轻天下。轻则失本,躁则失君⑤。

【注释】① 重为轻根,静为躁君:轻、重既指物质质量,更蕴含人

文内涵,重指道,轻指德、仁、义、礼;静、躁指人处事心态;自然和人都
不可轻举妄动。

②辎重:原义指军中运载军粮、器械的车辆,文中"辎重"喻指
道,引申义为根本。

③虽有荣观,燕处超然:此观,指屋宇,如道观;荣观,亭台楼阁,
喻指优越生活;燕处,燕窝,指妃子居处,喻指安然居处。虽然有华美
居所,却能安居其中,超然物外。

④万乘:指大国。古代一乘指四千人兵马车作战单元,说明国
家拥有四十余万现役军队。

⑤君:文中君字含义有别。"静为躁君"之君指主见,"躁则失
君"之君喻指王权。

【意译】重是轻的根本,静是动的主宰。修道之人要时刻坚守大
道。即使有奢华享受,也能泰然处之。为什么大国君王,非要草率行
事,作践自己,甘冒天下之大不韪,兵强天下呢? 轻浮就会失去根基,
妄动就会失去天下。

【品析】本章谈治国理政,讲人生态度,讲处世之道:一要强根固
本,突出重字;二要沉着冷静,不急躁,不轻浮,立足静字;三要慎重行
事,不可轻举妄动,立足稳字。修道积德是处世根本,君王以身轻天
下,就会失去根本。弄清重与轻、静与躁辩证关系。

重为轻根　静为躁君

重,负重行走;轻,分量轻,不固定易飘走。静本义为恬静、寂
静,引申为心境宁静。躁,从足从喿,鸟在树上跳来跳去,叽叽喳喳;
喻指大声喧哗,往返走动。人要稳重冷静,不急不躁,办事牢靠。从
微观、宏观到宇观,无不以重为本。老子虽然不知万有引力定律,但
他善于观察,善于总结,善于领悟。仰望星空,俯视万物,重是轻根具

有普遍性。电子绕着核子转,月亮绕着地球转,地球绕着太阳转,太阳绕着银河转;阳不离阴,阴为阳根;男以妻室为家,有家才有根。大道为重,仁义为轻。民为重,君为轻。治理天下,责任重于泰山,不可掉以轻心。君王身系天下安危,民为邦本,道是根本。

广袤无际的天宇因其高远而稳健;辽阔的大地因其厚实而凝重;天上浮云一时遮住太阳,因其轻浮而转瞬即逝;人若一朝得势而轻浮,容易失去刹那芳华。人若轻举妄动,焦躁、狂躁,就会六神无主,难免失控,做出糊涂事。老子劝导为王者要沉稳,不稳重,犹如柳絮鸿毛,飘无所止;犹如无舵之舟,容易被风浪颠覆;君王急躁容易丧权失国。

天下重器在体制。周初建时,天下之大,划野分疆,封八百诸侯共治。周幽王烽火戏诸侯,天下分崩离析,造成五百余年大动荡灾难。秦统一天下,吸取周分封制的弊端,创建郡县制。刘邦短视,见秦朝短命,又恢复周制,不久同姓王作乱,方悟郡县制废不得。自秦后,几千年来,毛泽东主席一语概曰:"百代都行秦政治"。制度乃国之重器,君王岂能轻率动之?

蜘蛛织网,静卧当中,等待飞虫自投罗网;猪笼草巧用叶顶瓶状体,分泌香味,引诱昆虫入瓶,吞而食之。修道之人每临大事有静气,猝然临之而不惊,无辜加之而不怒,麋鹿奔而目不转睛,泰山崩而色不变,临危不乱,处变不惊,神闲气定。

有些人机械认为动始终是矛盾的主要方面,武断认为老子言静思想消极。春秋时期,天下动荡,狼烟四起。老子对动静辩证关系驾轻就熟,言动言静都深刻。"动善时""安以动之徐生""反者道之动""飘风不终朝,骤雨不终日""清静为天下正""牝常以静胜牡"。有源于无,动起于静。言轻重静躁是虚,论治国理政是实。君王轻举妄动,易乱天下。"静为躁君",安为动主,执政者要善于以静制动,无为而治,臣下要超然物外,谦逊退让,因时而动。

行不离辎重

"是以圣人终日行,不远辎重"。"辎重"是古代军队运送粮草的载重车辆,有的学者认为君王整日不离载重车辆。君王会整天待在载重车上到处跑? 经文秉承"根""君"之意,落在"重"和"静"上,"辎重"喻指大道。"道也者,不可须臾离也。"道是根本,离道必失国。

有位禅僧参禅一个甲子,未得慧解,又未开悟。一天,见一青年法师和他人论说四圣谛之理,心生钦佩,便诚恳地向青年法师请求开示。青年法师戏谑老禅僧道:"你只要天天以美食供养我,我一定教你证悟的法门。"老禅僧真的以上等美食天天供养青年法师,有一天,青年法师想和他恶作剧一番,带着老禅僧进一空屋,至一角落,叫老禅僧蹲下,用柳枝点其头说:"这是须陀洹果!"老禅僧一心专道,当下真的获得初果。

青年法师道:"你虽得初果,却有七生七死,起来,到另一个角落!"青年法师点其头说:"这是斯陀含果! 此果尚有往来生死,起来,到另一个角落!"老禅僧到了另一个角落蹲下,青年法师点其头说:"这是阿那含果! 已证不还,但在色无色界还有漏身,念念是苦。起来,到另一个角落!"青年法师点其头说:"这是阿罗汉果! 生死已了,好啦!"

老禅僧此时真的证得阿罗汉果,欢喜无量,向青年法师顶礼。青年法师说:"我跟你开玩笑,你可别当真。"老禅僧诚恳地说:"我真的已经证得阿罗汉果了,不是开玩笑。"

老禅僧对禅道六十年的坚持,静定持心,可谓行有余力,只是窍门未开。对青年法师的恭敬供养,崇尚慧解,行解并重,顿悟证果,可谓道不远有心人。

第二十五章　圣人为道　救人救物

【帛书】27. 善行者无辙迹；善言者无瑕谪；善数者不用筹策；善闭者无关籥而不可开也；善结者无绳约而不可解也。是以圣人，恒善救人，而无弃人、物无弃材。是谓袭明。故善人，善人之师，不善人，善人之资。不贵其师，不爱其资，虽智大迷，是谓要妙。

【王本】27. 善行无辙迹；善言无瑕谪；善数不用筹策；善闭无关楗而不可开；善结无绳约而不可解。是以圣人，常善救人，故无弃人；常善救物，故无弃物。是谓袭明。故善人者，不善人之师；不善人者，善人之资。不贵其师，不爱其资，虽智大迷，是谓要妙。

【析异】1.“善人者善人之师”“善人者不善人之师”之异。“善人者善人之师”中两个“善人”，前者指高境界人，后者指世人。王弼未细辨两者差别，在后面“善人”之前加“不”字。乍看“善人者不善人之师”很有道理。其实不然。不善之人毕竟少数，高境界人仅供极少数人学习，符合老子普世观吗？反思追问，向善人看齐者，会是不善之人吗？

2.“圣人，恒善救人，故无弃人、物无弃材”“圣人，常善救人，故无弃人；常善救物，故无弃物”之异。【新编】将其综合为：是以圣人，恒善救人救物，人无弃人，物无弃物。

【新编】善行无辙迹①；善言无瑕谪②；善数不用筹策③；善闭无关楗④而不可开；善结无绳约⑤而不可解。是以圣人，恒善救人救物，人无弃人,物无弃物。是谓袭明⑥。故,善人者善人之师,不善人者善人之资。不贵其师,不爱其资,虽智大迷,是谓要妙。

【注释】① 辙迹:车轮压出的痕迹。这里指办事不得法,留下后遗症。

② 瑕谪:玉石上留有斑痕,引申为缺点、毛病和过失。

③ 善数、筹策:数,计算、谋划;筹策,计算器具或占卜用具。

④ 闭、楗:闭,隐秘,不公开;楗,门闩,喻指保密工作。

⑤ 绳约:绳索捆绑,拘束、约束。喻指做团结工作。

⑥ 袭明:袭,承袭;顺应自然,明白事理。

【意译】擅长做事的人,做事圆满,没有后患;善于演说的人,语言准确,没有语病;善于谋划的人,料事如神,不占卜算卦能知凶吉;擅长做保密工作的人,不设障碍,别人无法知晓事情内幕;善于做思想工作的人,没有约束,相互团结如一人。高明领导者,对失误下属,给予改过机会,一如既往地信任他,使下属少犯错误。所以说,有道德修为的人,能做到人尽其才,物尽其用。高境界的人,是世人学习的榜样,俗人失足行为,世人要引以为戒。不尊重师长,不珍惜自身天赋,就算有点小聪明,也是地道糊涂虫。这是精妙的道理。

【品析】上章讲稳重固本安天下,本章讲治国在于救人救物,从不同侧面烘托圣人依道行事,救人救物。文字不见无为,蕴含无为,善于用道,出神入化,仙手之笔。

怎样才能做到"善行无辙迹"? 庄子曰:"绝迹易,无行地难。"唯有道者能胜任。据传金碧峰禅师修成正果,阎王派索命鬼前来索命,他对索命鬼作偈道:

尔来欲拿金碧峰,除非铁链锁虚空。虚空若能锁得住,再来拿我金碧峰。

老子围绕善字展开论述,好像说行行出状元,其实是烘托。状元小智,圣人大智,小智不及大智。小智者充其量在某一领域做得出色,圣人不同,善于教化人,善于用物,做到人无弃人,物无弃物。圣人着眼于道。朱熹曾言："物有一节之可用,且不为世之所弃"。魏晋时期,陶侃担任荆州主管,曾把军中造船的木屑等废料统统收藏起来,同僚们嗤之以鼻,当了大官,还小家子气,为妇人之为。到了年冬,大雪封山,天寒地冻,道生琉璃,行军受阻,陶侃令将士把收藏的废料取出铺在道中,立下军功。

老子以小喻大,以凡喻圣。五善为圣人恒善救人救物铺垫。老子运用枚举归纳法,通过列举善行、善言、善数、善闭、善结等各行业中的绝技能手,上升到圣人"无为治国、行不言之教"的境界。圣人贵在按照自然规律行事,所以能够达到极致境界。

老子明确指出:那些在各自领域中达到极致境界的人,应该成为世人学习的榜样,那些不学无术、作践自己的人,世人要从中汲取教训,引以为戒。

善与不善指修为境界。寸有所长,尺有所短,人何尝不是。要善于取他人之长,补己之短,与时俱进,不然就会固步自封,日久必将被社会所淘汰。

"不贵其师,不爱其资,虽智大迷,是谓要妙。"贵为珍重,不尊重上善之人的教导,不重视失足者的借鉴作用,不珍惜自身禀赋的人,就算有一点小聪明,即使睿智也糊涂。人要谦下,不自是,不自见,不自伐,不自矜,要像海绵吸水那样,充分吸收精神营养,充实自我,完善自我,升华自我。

良宽禅师在山中茅屋修行。一天夜晚,他在林中散步,皎洁月光中,他隐隐看到小偷光顾了自己的茅屋。小偷找不到财物,悻悻离开时,在门口遇见了良宽禅师。原来良宽禅师怕惊动小偷,一直站在门口等着。他知道小偷会一无所获,早就把自己外衣脱下拿在手上。小偷遇见良宽禅师,惊愕不已,良宽禅师温和地说:你走老远山路来探望我,不能空手回去。夜凉了,带着这件衣服下山,顺手把衣服给小偷披上。小偷不知所措,低头溜走了。

良宽禅师看着小偷的背影穿过明亮月光,消失在山林之中,不禁感慨道:"可怜的人呀,但愿我能送一轮明月给你。"良宽禅师目送小偷走远后,回到禅房打坐,任由窗外月光洒在身上,进入了梦乡。

第二天,良宽禅师迎着朝阳走向山门,眼睛一亮,门前整齐叠放着他送给小偷的那件外衣,良宽禅师兴奋不已。喃喃自语:我送他的一轮明月,他收下了[18]。

第二十六章　为天下谷　复归于朴

【帛书】28.知其雄,守其雌,为天下溪。为天下溪,恒德不离。恒德不离,复归于婴儿。知其白,守其黑,为天下谷。为天下谷,恒德乃足。恒德乃足,复归于朴。知其荣,守其辱,为天下式。为天下式,恒德不忒。恒德不忒,复归于无极。朴散则为器,圣人用之,则为官长,故大制不割。

【王本】28.知其雄,守其雌,为天下溪;为天下溪,常德不离,复归于婴儿。知其白,守其黑,为天下式;为天下式,常德不忒,复归于无极。知其荣,守其辱,为天下谷;为天下谷,常德乃足,复归于朴。朴散则为器,圣人用之,则为官长,故大制不割。

【析异】本章帛书有两大错误。一是错用"恒"修饰德。德对万物而言,指天然本性,万物就有万种秉性;对人类而言,除人情伦理以外,德还有社会属性。德的社会性,随时代、人的认知水平、行业性质而不同。用"恒"修饰德不当。二是语序有些凌乱。王本错在"常德"一用到底。"常德"这里指一般性德,不是至德,更不是玄德。"为天下谷"与"其德乃足"匹配。

【新编】知其雄,守其雌,为天下溪①;为天下溪,常德不离,复归于婴儿。知其白,守其黑,为天下式②;为天下式,常德不忒③,复归于无极④。知其荣,守其辱,为天下谷⑤;为天下谷,其德乃足,复归于朴⑥。朴散则为器⑦,圣人用之,则为官长,故大制不割⑧。

【注释】① 溪：谷溪，喻指下位。

② 式：标准、榜样、范式。

③ 忒：过失或差错。

④ 无极：混沌初始状态。

⑤ 谷：本指山峪空虚，这里指低洼处，人们嫌弃之地，喻指胸怀广阔。

⑥ 朴、婴儿：均指"返回天然"状态。朴在经文中常用于陈述生活态度和道的性质。"见素抱朴""复归于朴""我无欲而民自朴""无名之朴"。不宜把朴都视为道。

⑦ 散、器：散，离散；器，器物，喻指事物。木经加工、璞经琢磨、人经教育均成器。

⑧ 大制不割：大制，完善的制度；人至圣，以道化人，不会伤害任何人。

【意译】知道雄性刚强，却能安于雌性温柔，甘处下位。甘处下位，被大德滋养，逐步复归到婴儿般纯真状态。自身清白，却能承受诟病的压力，定能成为天下人的楷模。成为天下楷模的人，大德泽被四方，人生境界逐步达到不可穷尽的雄浑状态。行为高尚、荣誉至极，却能承受侮辱，甘居天下人嫌弃之地。甘居天下人嫌弃之地，就能保持恒久的德性，由此回归本然状态。回归本然状态，就与大道融为一体了。大道赋予万物以生命，形成大千世界。有道德修为的人，善于行道，堪当大任，造福苍生。

【品析】德性修为越高，越能堪当大任。积德修道分三个层次：初级阶段，知雄守雌，保持婴儿般的天性；高级阶段，知白守黑，复归无极；最高境界，知荣守辱，复归于朴。归朴之人，是得道之人。修道不断向上，做人不忘向下，方能有所作为。

春秋时期，政局动荡，社会混乱，人心险恶。身处乱世，如何安身立命、获得永年？处弱、处下、谦恭、不争无忧，这是老子开给那个时代人的处世哲学妙方，也是后人的精神食粮。老子提出知雄守雌，知白守黑,知荣守辱,韬光养晦,安贫乐道。水满则溢,日中则昃,月圆则缺,器满则倾,树大招风,强者人嫉妒。要有所不为,有所不争,有所健忘,退一步海阔天空。这是至上的智慧,浑圆一体,如珠行盘,周延涵盖,无所不通。

守雌,意味持静、处后、守柔、凝敛、藏锋。守雌不是退缩、不是逃避,而是以柔顺退守之道,保身处世。守雌与知雄相辅相成,彻悟雄性强劲,甘守雌性地位。赵简子让赵襄子继承大统,就是看准他具有知雄守雌这一特质。

有一天,赵襄子与智伯一起喝酒,智伯为件小事猛地扇了赵襄子一个耳光。赵的家臣极为愤怒,准备反击,被赵襄子及时制止。不久智伯便联合韩、魏两国攻打赵国,赵襄子被三国军队困在晋城。危急关头他派遣使者游说韩、魏两国。赵若亡,韩、魏必步赵国后尘。韩、魏国君如梦方醒,三家合力杀了智伯,上演了三家分晋的历史大剧。当初智伯酒席上扇赵襄子耳光,意在激怒他,好借故杀之。赵襄子忍了,未中奸计。

雄性好动,雌性好静,修道者要练就静定功夫,充分挖掘潜能,获取大智慧。心神宁静,静能思过,反省自身,虚怀若谷,甘心处下,常德厚积,永葆童心。

童心,纯朴天真,洁白无瑕,如同白纸,好画最新最美蓝图。修道就是修童子之心。修道圣人达到婴儿的心理状态,是获得大智慧后的觉醒,大智者有童心,是一种质的飞跃。

知白守黑,是心性修养。人天性朴素,社会中人之所以与朴素渐行渐远,受到后天环境的污染。返璞归真的途径只有修道,增强抗拒诱惑的能力。有道者造化大。"朴散则为器,圣人用之,则为官长。"

"复归于朴",此"朴"喻指上古社会中人的惇朴。人类远祖心地质朴,善良无机心,人在道中,无需修道。物质文明进步了,精神文明倒退了;物质富有了,道德沦丧了,人心不古了。还能回到从前吗?能挽救吗?出路在哪里?在于修道!借鉴古制,推陈出新,加强道德修养,使物质文明与精神文明并驾齐驱。时代呼唤圣人主政,将各方能人志士聚集起来,凝成一股劲,造福天下,贤者在位,能者在职,引领民众走向玄同。

守雌、守黑、守辱只是手段,目的是为天下溪、为天下式、为天下谷。其策略是虚怀若谷,从善如流,赢得天下人信赖。老子反对运用心智取势谋利,主张以德服人,运用大智慧取天下,策略隐藏在三个"知……守……"中。知是修道所得的修养,守是行道的必然,两者相辅相成,缺一不可。知与守,意味深长,耐人寻味,若能坚守"知与守"的策略,人就更加沉稳,更有远见,更有智慧。

老子认为,把握了某一事物有利因素的同时,必须考虑不利因素;掌握了事物发展变化已知条件的同时,必须考虑未知条件;看到事物蓬勃向荣势态的同时,必须考虑事物衰败的趋势。将事物对立统一两个方面统筹兼顾,深入研究,尽可能回到事物的混沌状态,是研究问题必须达到的高度和深度。若将这种法则广泛运用到研究的各个层面,大有裨益。

赵国丞相蔺相如,从赵国大局出发,屡次避让大将军廉颇,大度包容廉颇,导演了将相和的活话剧,彰显蔺相如为天下溪的大美情怀。

第二十七章　为者败之　执者失之

【帛书】29. 将欲取天下而为之,吾见其弗得已。夫天下神器也,非可为者也,为之者败之,执之者失之。夫物或行或随,或嘘或吹、或强或羸、或培或堕。是以圣人去甚、去奢、去泰。

【王本】29. 将欲取天下而为之,吾见其不得已。天下神器,不可为也,为者败之,执者失之。夫物或行或随,或嘘或吹、或强或羸、或挫或隳。是以圣人去甚、去奢、去泰。

【析异】1. 四组"或……或……"排比句中,正反词性搭配。挫,挫折,隳,毁坏,挫与隳搭配不当。

2.【新编】将64章"是以圣人,无为故无败,无执故无失"语,剪贴至本章。

【新编】将欲取天下①而为之,吾见其不得已。天下神器②,不可为也,为者败之,执者失之。是以圣人,无为故无败,无执故无失。夫物或行或随,或嘘或吹③、或强或羸④、或培或堕⑤。是以圣人去甚、去奢、去泰⑥。

【注释】① 取天下:取,治理;治理天下。

② 神器:神圣之物,这里指国家政权,或民众。

③ 嘘、吹:嘘,缓缓吐气;吹,急速吐气。

④ 强、羸:喻指事物运动态势的强与弱。

⑤ 培、堕:培,积极向上,堕,下沉、消极,指人们对待事情的心态

或意识不同。

⑥ 去甚、去奢、去泰：甚，办事好走极端；奢，生活奢侈；泰，生活安逸，养尊处优。除去极端行为，抑制激进思想，不沾奢靡之风，重任在肩，不贪图安逸。

【意译】如果想要拥有天下，采用强制手段，我看是背离大道的，不可能达到目的。天下民心神圣，岂可随意驱使？妄为天下没有不失败的，奴役百姓必然失去天下。因此，有道德修为的人不妄为，就不会失败；不强奸民意，就不会失去民心。世间芸芸众生，秉性各异。有人主动开拓，有人习惯守成；有人好静，有人好动；有人做事沉稳，有人做事浮躁；有人志强毅刚，有人生性懦弱；有人积极向上，有人消极懒惰。有道德修为的人，见微知著，他们治理天下，承秉道性，顺应人性，除去极端行为，抑制激进思想，不沾奢靡之风，顺应规律从事，当仁不让，成事无痕。

【品析】本章从人性多元出发，论述无为之益、无事取天下的治世哲学。老子认为，用主观意志来取代民心的人，必然徒劳无功；民心不是想控制就能控制的。世人好走极端，圣人知道过犹不及，他们做事不走极端（去甚），生活不贪图享乐（去奢），以天下为己任，绝不置身事外（去泰）。圣人，行不言，事无为，察民情，顺民意，得民心。

老子以"将欲取天下而为之，吾见其不得已"开篇，警告当权者："天下神器，不可为也，为者败之，执者失之。"妄为天下，必失天下。民心不可欺，民意不可违；暴殄天物，杀鸡取卵，殷鉴不远！所以圣人去其极端，守中致和安天下。高明执政者，处无为之事，行不言之教，顺应民心，因势利导，不滥用权法，不刚愎自用。老子极力推崇无为治国理念，尊重规律，尊重人权，尊重个性。圣人道治天下，故"大制不割"。

从上古到尧舜时代，王者真心为广大民众服务，天下乃天下人天下，真正是公天下，唯贤是举。自禹起，夏、商、周以来，都是私天下，"普天之下莫非王土，四海之内莫非王臣。"改朝换代，血雨腥风。江山多娇,引无数英雄竞折腰。越向后,越糟糕。臣弑君,子弑父,同室操戈,骨肉相残,祸起萧墙,烛光斧影,政权更替如走马。

他们利欲熏心,一朝得势,号令天下,没有不失败的,这就叫"为者败之"。

越是私心自用,抓得越紧,控制越牢,失去反而越快,这就叫"执者失之"。

历史是一面镜子。从春秋战国、南北朝、五代十国,无不验证着老子的预言。

"天下神器,不可为也",一语中的。"人民,只有人民,才是创造历史的真正动力"。民众是天,民意是道,不可强奸民意。强为、强暴必遭反抗。"水可载舟,也可覆舟"。

人多意杂。有人主动前行,有人愿意随行;有人做事沉稳,心细如发,有人做事急躁,粗枝大叶;有人爱唱爱跳,有人沉思文静;有人大公无私,有人自私自利;有人想安居乐业,有人好探险寻幽;有人忠贞爱国,有人数典忘祖;有人宅心仁厚,有人蛇蝎心肠;有人穷兵黩武,有人慈航普渡。治人在于治心,需要大智慧,需要博爱。

有治世良策吗?有啊。无为、无执!何谓无为、无执?"舜其大智也与!舜好问而好察迩言,隐恶扬善,执其两端,用其中于民。其斯以为舜乎!"有所为,有所不为。调查研究,"隐恶扬善,执其两端,用其中于民"。

第二十八章　兵强不道　不道早已

【帛书】30. 以道佐人主,不以兵强于天下,其事好还。师之所处,荆棘生焉。善者果而已矣,毋以取强焉。果而毋骄,果而勿矜,果而勿伐,果而毋得已居,是谓果而勿强。物壮则老,是谓不道,不道早已。

【王本】30. 以道佐人主者,不以兵强天下。其事好还。师之所处,荆棘生焉。大军之后,必有凶年。善有果而已,不敢以取强。果而勿矜,果而勿伐,果而勿骄,果而不得已,果而勿强。物壮则老,是谓不道,不道早已。

【析异】1.【帛书】无"大军之后,必有凶年"句。王弼忽视了"师之所处,荆棘生焉"丰富的内涵而妄加赘语。"师之所处,荆棘生焉":师,交战军队;所处,指战场和由战争波及的区域;荆,泛指灌木;棘,泛指带刺草木;荆棘,喻指荒无人烟。战后凄凉凋敝,草木丛生,荒无人烟,还不凶吗?

2. "善者果而已矣,毋以取强焉""善有果而已,不敢以取强"之异。善者慈悲,达到目的就收手。"善有"其意多重,用于经文不妥;用"善有"论述,也缺乏深度和力度。

3.【新编】将"毋以取强焉""不敢以取强"整合为:不敢取强焉,并调整了语序。

4.【新编】将"物壮则老,是谓不道,不道早已"语,调整为"兵强不道,不道早已。"使文章首尾呼应。出于三方面考量:一是本章谈兵道,主题讲不要逞强。"善者果而已,不敢取强焉。果而勿矜,果而勿伐,果而勿骄,果而勿强,果而不得已"这段经文,讲要低调行事,和"物壮"不相干。二是桐城派文学大家姚鼐先生认为,第30章有"物壮则老"不妥。三是郭简此章也没有"物壮则老"句。

【新编】以道佐人主,不以兵强天下,其事好还^①。师之所处,荆棘生焉。善者果而已^②,不敢取强焉^③。果而勿矜,果而勿伐,果而勿骄,果而勿强,果而不得已。兵强不道,不道早已。

【注释】① 其事好还:天道好还。福有福报,恶有恶报,不是不报,时候未到。时候一到,一切都报。

② 善者果而已:圣人用兵,除暴平乱,见好就收,不以兵强天下。

③ 不敢取强焉:以德服人,以无事取天下。不敢,不是没胆量、没勇气,而是不愿意。经文从人道立意,言战争惨烈,"白骨露于野,千里无鸡鸣",善者悲悯天下,谨慎用兵。

【意译】谋士用道辅佐君王,不鼓动君王用武称雄天下,那么国家就会由乱到治,必然走向繁荣。若用武力横行天下,肯定会造成严重灾难,也容易遭到报复。两军恶战之后,铁血沃大野,灌木丛生,不闻鸡犬声。有道德修为的人,处理任何事务,能用温和方式达到目的,就不采用非常手段。不得已动用武力征服对手,见好就收,不过度使用。达到目的之后不要妄自尊大,目中无人;达到目的之后不要自我夸耀,耀武扬威;达到目的之后不要专横跋扈,盛气凌人;达到目的之后不要居功自傲,目空一切;形势所迫,不得已动用王师平乱、灭敌。如果一味以势欺人,必然早亡。

【品析】本章为谋士支招:以道驭兵,以道佐君。老子从哲学高度看问题,以道论兵治国。春秋时期,战争无法回避。尚武慎武,以战止战,是老子军事哲学思想精髓所在。老子提醒谋士,以道佐主,不要兵强天下。用道的理念辅佐国君治国,不要鼓动君王用强权政治威慑别国,用武力胁迫他国;切不可鼓动君王穷兵黩武,争霸天下。

为国君智囊的人,要深谋远虑,慎重考虑每次用兵产生的后果。以暴易暴,因果报应,逃避不了。

春秋就是一部战争史。亡国大战不下百余场,小战难计其数,八百诸侯国,大多数已经灭亡。战争规模越来越大,旷日持久;战争惨烈程度,难以言表,劫后余生的多是些老弱病残、孤儿寡母。"冤冤相报何时了",你用武力征服别人,别人必然用武力回敬你,如同对着空谷,发泄愤怒,回报必然是同等叫骂声,这叫"其事好还"。

"师之所处,荆棘生焉。"字字彰显老子悲悯情怀。敬畏老子神明,世势明洞。黄河上游,西汉以前,草木茂盛,绿野千里,汉晋五百年间,驻军、军垦、征战,导致植被破坏,水土流失,逐渐形成千沟万壑的黄土高原地貌。中原是中华龙兴之地,陕西、山西、河南曾经水资源极为丰富。三秦大地,蒹葭苍苍,渭水浩荡,八水绕长安;山西是大禹治水的重点地区;河南古代是大象的家园,河南简称豫。中原逐鹿,几千年来,改朝换代大的战役都在这里上演,严重地破坏了这一带生态。解放后,中央人民政府十分重视生态环境治理,在"绿化祖国,实现大地园林化""绿水青山就是金山银山"理念指导下,植树造林,向沙漠进军,构建三北绿色屏障,喜人局面逐渐显现。毛乌素沙漠已披上了绿装,黄河含沙量逐年下降。河清海晏,为期不远。再看今日中东,烽烟四起,爆炸不断,千里焦土,残垣断壁,惨不忍睹。国无安宁日,人无安身处。

以武力取天下是下下策,自古知兵非好战。有作为的政治家尽量避免武力手段取天下。天下不是通过强暴、武力手段所能获得的,可能得势于一时,不可能长久。这叫"为者败之,执者失之"。即使侥幸用武力淫威获取了一些暂时利益,绝不可滥用,物极必反,兵强不道。酒饮微醉,花赏半开,器盈则溢,知止不殆。

在战争频发年代,一个国家不可能没有军队,没有强大国防,人为刀俎,我为鱼肉,百姓同样会遭殃。军队是捍卫国家利益的机器,绝对不是用来争霸天下、横行天下的工具。一旦用战争手段达到了预期效果就要及时收手,遵循不自满、不自骄、不自豪的原则。同时也要警惕盛极易懈怠,要警钟长鸣,与时俱进,忘忧必亡。军队素质要训练提高,武器要及时更新换代,落后就要挨打。

第二十九章　兵者不祥　溢美不道

【帛书】31. 夫兵者,不祥之器也,物或恶之,故有裕者不居。君子居则贵左,用兵则贵右。兵者不祥之器,非君子之器也,不得已而用之,铦袭为上。勿美也,若美之,是乐杀人也。夫乐杀人,不可得志于天下矣。是以吉事尚左,凶事尚右。是以偏将军居左,上将军居右。言以丧礼居之也。杀人之众,以悲哀莅之,战胜,以丧礼处之。

【王本】31. 夫佳兵者,不祥之器,物或恶之,故有道者不处。君子居则贵左,用兵则贵右。兵者不祥之器,非君子之器,不得已而用之,恬淡为上。胜而不美,而美之者,是乐杀人。夫乐杀人者,则不可得志于天下矣。吉事尚左,凶事尚右。偏将军居左,上将军居右。言以丧礼处之。杀人之众,以悲哀泣之,战胜以丧礼处之。

【析异】1. "夫兵者""夫佳兵者"之异。用"佳"不妥。前文"兵者不祥之器",指贩卖兵器的人,立足人道法理,斥责贩兵器的人,表达愤慨之情:"物或恶之,故有道者不处";后文"兵者不祥之器",立足现实,战争年代,没有兵器,人为刀俎,我为鱼肉。

2. "铦袭为上""恬淡为上"之异。铦袭,带利器偷袭,着眼战术;恬淡,着眼道义伦理。

3. "勿美也""胜而不美"之异。"勿美也",说不要炫耀战争器械,不要美化战争,立足人道主义,"胜而不美",着眼胜利成果,境界不高,用"胜而不美"语,前后文义相互脱节。

4. 有"莅""涖""涖""涖"[6]"莅"[13]之异。涖、莅、莅是"莅"的异体字,涖是"涖"的误用。

【新编】兵者不祥之器,物或恶之,故有道者不处。君子居则贵左,用兵则贵右①。兵者不祥之器,非君子之器,不得已而用之,恬淡为上。勿美也,若美之,是乐杀人。乐杀人者,不可得志于天下!吉事尚左,凶事尚右。偏将军居左,上将军居右。言以丧礼处之。杀人之众,以悲哀莅之,战胜以丧礼处之。

【注释】① 贵左贵右:"左为阳,阳主生,右为阴,阴主杀"是贵左,"旁门左道"是贬左。贵左、贵右;尚左、尚右;居左、居右,可视为老子举例说理,不必刻板解读。参考如下:

1. 从德性讲。君子谦下,不居贵地,上战场忘身,彰显君子高风,符合老子道德思想。

2. 从习惯讲。中国人右手优势,战场上要充分发挥这个优势,用兵贵右合兵道。

3. 从谋略讲。古代用兵,吉事指主动出击,凶事指积极防御。偏将军作先锋,担任出击任务,为吉;上将军坐镇防守,压阵稳定军心,也是敌人袭击首选目标。上将军居右,置身凶险境地,既能彰显大将风度,又能鼓舞士气。

4. 从字形讲。古时左**右**,容易弄混淆。

【意译】贩卖兵器的人不是个东西,万物若有意识也会厌恶它,有道德修养的人绝不与他们交往。君子淡泊,居住不讲究条件,上战场哪里危险就杀向哪里。兵器是凶器,君子慎用。君子不宣扬战争,如果大肆宣扬战争,穷兵黩武,必然是喜欢杀人的人。喜欢杀人的人,不可能立足于天下。偏将军率兵担任主攻,冲锋陷阵;上将军坐镇指挥,鼓舞士气。无论是主动出击,还是坐镇防守,战斗一经打响,伤亡难免。为将者应怀悲悯之心,抚平战争幸存者的心灵伤痕;取得胜利了,要将双方将士尸体掩埋,对死亡将士致以默哀,祭奠凭吊。

【品析】本章是"不以兵强天下"的深入,辩证言兵。兵者凶器,慎用或不用。从"兵者不祥之器,不得已而用之",到"勿美也,若美之,是乐杀人也,夫乐杀人,不可得志于天下",洞见老子对待战争的态度:尚武崇武,武德至上。开篇"兵者"着眼法理层面,有道者必唾弃;下文"兵者"从实际出发,战争年代,武器不能不精。老子主张用正义之战,制止不义之战。战争是一切苦难和混乱的总根源,战争来自统治者的过度私欲。春秋时期,人间充满杀戮,血流成河。没有过度私欲,就不会有战争。老子发自肺腑感叹:"兵者不祥之器,非君子之器。不得已而用之,恬淡为上。"

"师之所处,荆棘生焉",悲悯情怀,溢于言表。老子是现实主义者,不是愤世嫉俗、脱离现实的理想主义者,他对现实、政治深切关注,对统治者,献言献策,以道御兵,颂扬武德。许多道家名人,与老子的思想相通。如吕尚、管仲、张良、刘基等,他们乱世出山,忘身济世,勤王御寇安天下。

"夫乐杀人,不可得志于天下!"掷地有声,震撼人心。日本占领中国期间,施行野蛮的三光政策,企图以杀人来震慑中国人。中国人民愈挫愈奋,用血肉之躯筑起坚不可摧的钢铁长城。经过八年浴血奋战,最终打败了兽性日本侵略者。

武字,彰显中国人的武德和老子贵生的悲悯情怀。老子虽然极力反对战争,但不回避战争。以"不得已而用之""恬淡为上""战胜以丧礼处之"等策略,用悲悯情怀,化解人性与政治间的冲突。彰显老子的大爱情怀和中华民族武德高风。

"兵者不祥之器",兵家高手对战争都有独到见解。吕尚曰:"圣王号兵为凶器,不得已而用之。"管仲曰:"夫兵事者,危物也,不时而胜,不义而得,未为福也。"孙子曰:"兵者,国之大事,死生之地,存亡之道,不可不察。"他们统兵善用谋略,以韬略驾驭战争。毛泽东是战略高手中高手,以战止战,先后用和平方式解放了北京、湖南、西藏等地。解放后的几次保卫战,规模一次比一次小,打得好,收得巧。如抗美援朝战争、中印之战、珍宝岛之战、西沙之战。不虐待俘虏、建人民英雄纪念碑、教育改造战犯，充分体现了伟人悲悯情怀。

左传记载《楚庄王不为京观》的故事，诠释了本章经义。春秋时晋、楚两军在邲发生了一场恶战。楚国大胜。大臣潘党向楚庄王建议在战场上筑"京观"，让后代子孙不忘先辈武功。京观，是把敌军尸体堆积在道路两旁，盖土夯实，形成塔形土堆。楚庄王说："武，从止从戈，以戈止战，力求不再使用兵器。国家用武是为了禁暴、戢兵、保大、定功、安民、和众、丰财。视为武有七德，我们这场战争，使两国子弟暴尸野外，而不能戢兵，是残暴；出动军队威吓诸侯，也不能保大，晋国依然存在，也不算有功，这场战争违背了民众意愿，不能说安民，自己无能还和诸侯征战，何以和众，让别国混乱作为自己荣耀，也不丰财。这些死亡的将士都是忠义之士，我哪能拿他们的尸骨作京观呢！"

第三十章　守道无为　万物自宾

【帛书】32. 道恒无名。朴虽小,而天下弗敢臣。侯王若能守之,万物将自宾。天地相合,以雨甘露,民莫之令而自均焉。始制有名,名亦既有,夫亦将知止,知止所以不殆。譬道之在天下也,犹小谷之与江海也。

【王本】32. 道常无名,朴虽小,天下莫能臣也。侯王若能守之,万物将自宾。天地相合,以降甘露,民莫之令而自均。始制有名,名亦既有,夫亦将知止,知之可以不殆。譬道之在天下,犹川谷之于江海。

【析异】1. "而天下弗敢臣也""天下莫能臣"之异。弗敢,畏惧、胆怯,怀敬畏之心;莫能,有想法、有行动,能力有限。【新编】调整为:天下不敢臣。

2. "犹小谷""犹川谷"之异。川与江河有交集,用小妙！长江、黄河、澜沧江,那汹涌澎湃的波涛,都源自青海境内冰川渗出的点滴水珠和无数条小溪的汇集。小与谷组合俗气,【新编】弃谷用溪。

【新编】道恒无名①。朴虽小,天下不敢臣②。侯王若能守之,万物将自宾③。天地相合,以降甘露,民莫之令而自均④。始制有名⑤,名亦既有,夫亦将知止⑥,知止不殆。譬道之在天下,犹小溪之于江海。

【注释】① 道恒无名:道的法象大,包罗万象,难以言表,不可定义。

② 朴,臣:朴,朴树,多结疤,纯天然,比喻道,不宜把朴与道画等号;臣 ，俯首屈从,喻指无支配权的人。

③ 自宾:客随主便,喻指自愿归附于道。

④ 民莫之令:百姓没有接受任何人的命令。表达无为思想。

⑤ 始制有名:始制,太上制定的制度,有名,畅通天下。言太上制度比较完善。

⑥ 夫亦将知止:夫,士大夫,非语气词。知止,不越界。士大夫行为收敛,不僭越。

【意译】道亘古不变,质朴自然,却无法命名。道细微幽隐,真实客观,人们难以发现她,谁也不能轻视她,谁也别想主宰她。君王若能依道治理天下,必然得心应手,万物定会依附于他。天地阴阳之气相互交合,自然生发,老百姓没有接受谁的命令,他们知农时而耕,乐享自然馈赠。前辈们通过长期社会实践活动,认识了道的某些特性,掌握了一些自然规律,制定了一些好的制度,灵活运用就是了,没有必要强制推行那些无用法令。士大夫懂得适可而止,就能避免风险。坚守祖制,犹如大道恩赐万物、百川汇入大海一样,合乎情理。

【品析】本章讲无为守道之益,不要无视道的威严,不要妄想凌驾大道之上,顺道、用道,天下太平。主要陈述两大要点,一是无为治国理念,二是知止不殆。守朴善下无恙。老子认为,道超常流变,无态之态,无状之状,虚无之象。道体虚无,质朴无华,隐藏在万物之中,万物依道行事。不要低看这个无名东西,威力无穷,其用无穷。王侯若能依道治理天下,百姓定会服从领导,天下自然祥和。老子为什么一再强调这些呢?因为王侯干预天下太多,剥夺了百姓生存权,百姓敢怒不敢言。

老子从不讲空洞的大道理,含蓄幽默,以事喻理,启发统治者反省自身。"天地相合,以降甘露,民莫之令而自均。"天地不言,阴阳自然交合,或降雨雪,或降甘露,万物得到滋润,五谷自然生长,老百姓从中受益。老百姓聪明得很,知道春耕、夏作、秋收、冬藏,知时节而种百谷物。用不着外行充内行,强行干预。侯王依道而行,一切井景有序。天地和谐,万物和鸣。

"始制有名,名亦既有,夫亦将知止,知止不殆。"回扣"朴虽小,天下不敢臣径义",前辈们通过长期社会实践,已经给我们留下了许多宝贵的文化遗产,建立了好的制度,道德规范,继承发扬光大就是了。根据时代变迁,适度改进,推陈出新,用不着瞎折腾,越折腾越容易出乱。尧舜无为,天下归心,桀纣有以为,天下尽失。萧规曹随,窦太后推崇无为思想,为老子这段文字作了注释。

道的作用,妙不可言。坐在旷野里,静静地想,自然就明白了。斗转星移,江河行地,四时更替,飞鸟知返,谁支配它们呢?大道!道法自然,逆道则亡!放下执着,顺应自然规律行事,比什么都强。

从秦末农民起义,到楚汉争霸结束,天下满目疮痍,哀鸿遍野,十室九空。起于布衣的大汉开国皇帝刘邦,坐在龙椅上总是愁眉多于舒眉。天子出行寒酸,将相乘牛车上朝,百姓三餐不饱,衣不遮体,刘邦能不心忧?

一天,刘邦在朝堂上,向大臣们抛出如何富裕天下的议题。有位大臣提出"休养生息,无为而治"八字方针。刘邦眼睛一亮,仿佛看到了大汉富强的曙光,将其定为国策。萧何、曹参、陈平等人,将这八字方针,演绎得淋漓尽致。对外和亲稳定匈奴,对内轻徭薄赋,鼓励农民开荒种植,十年不纳税,取税也是十五抽一。

刘邦死后,吕后专权,毒死刘如意,残害戚夫人,弄得朝野上下,怨声载道,霸凌边陲,逼得南越王赵佗怒起称帝,与汉分庭抗礼。刚有起色的西汉王朝又陷入危机之中。周勃、陈平等老臣奋起反击,铲除了吕氏祸患,迎立刘恒为帝,史称孝文帝。

文帝拨乱反正,休养生息,韬光养晦。停止了对外战争,执行和亲政策,修书给南越王赵佗,化干戈为玉帛,赵佗弃帝归汉(史学家称赞为"半壁江山一纸书");不再大兴土木,禁止一切干扰百姓生活的行为,让民间贸易自由发展;朝廷开源节流,过简朴生活。经文帝25年的治理,汉王朝出现了繁荣祥和景象。

文帝的系列举措,不但造福了广大黎民百姓,还造就了一位杰出的女政治家窦漪房。

文帝去世,窦漪房继续坚持"无为而治"理念,汉景帝刘启忠实执行汉高祖的既定国策。母子同心同德,保证了大汉帝国继续沿着"休养生息,无为而治"方向发展,并把汉王朝推向了强盛高峰,为汉武帝击败匈奴奠定了雄厚的物质基础。史称文景之治。

弘道之象　功德千秋

　　第 6 单元，先讲大道气势恢宏，后论识道象之益，再论述灵活运用获益之理。

第三十一章　不自为大　能成其大

【帛书】34. 道泛呵，其可左右。成功遂事而弗名有也。万物归焉而不为主，则恒无欲也，可名于小。万物归焉而不为主，可名于大。是以圣人之能成大，以其终不自为大也，故能成大。

【王本】34. 大道泛兮，其可左右。万物恃之以生而不辞，功成而不名有。衣养万物而不为主，常无欲，可名于小；万物归焉而不为主，可名为大。以其终不自为大，故能成其大。

【析异】1. 所有版本《老子》，均将"恒无欲"，放在"衣养万物而不为主"之后。【新编】将此语挪到"万物归焉而不为主"之后。

2 "成功遂事而弗名有也""万物恃之以生而不辞，功成而不名有"之异。【新编】调整为：功成事遂而不名有。王本及其他世本，此处文意重复。

3. "是以圣人之能成大""以其终不自为大"之异。帛书先言道象，再言圣人法道，勤于修道，不自为大能成大，与35章"弘大象，天下往"无缝衔接。王本只言道，独立看没问题，联系上下章就有问题。

【新编】大道泛兮，其可左右①。衣养万物而不为主，功成事遂而不名有，可名于小。万物归焉而不为主，恒无欲，可名于大。是以圣人之能成大，以其终不自为大，故能成其大。

【注释】① 大道泛兮，其可左右：泛，喷涌之状，气势雄浑，茫无边际；其可左右，顺道雄浑气势而来，指道充满宇宙，谁也主宰操纵不了。台湾学者傅佩荣先生说："大道像泛滥的河水,周流在左右。"[9]

【意译】大道浩浩荡荡,充盈宇宙天地间,无时不在,无处不有,气势雄浑,不可阻挡。道统领万物井然有序而不张扬,促进万物生长而不言功德,养育万物而不主宰万物,可以说她很渺小;万物归附于道,归根于道,道不以主自居,无私无欲,和光同尘,可以说道的品格很伟大。得道之人,法道无为,也很伟大,他们从不自高自大,所以成就了他们的伟大。

【品析】本章老子用道法无边、养育万物不自恃的伟大品格和圣人法道不自大的高尚情操,启发执政者。老子独著豪情写道:"大道泛兮,其可左右。"颂赞道的无限体能,充盈天地宇宙间,谁也驾驭不了它,"朴虽小,天下不敢臣。"宇宙万物都受大道支配,万物之相,就是道之相,万物依赖道而生,道与万物同在。道伟大而谦下,养育万物,不图回报,滋养万物,不居功自傲,万物归附而不主宰,不占为己有,无私无欲,这种博大胸怀,犹如海纳百川,天地包容万物。效法天道,才是人生正道。

老子将道人格化。功成不居,生而不始,养而不宰,无私无欲。道生万物,自然而生,自然而灭,回归本源,自自然然。圣人法道,圣人也伟大。李唐天子,拜老子为先祖,将道教封为国教,奉行无为治国理念,百姓得到休养生息,出现了欣欣向荣的盛唐气象。

李斯曰:"太山不让土壤,故能成其大;河海不择细流,故能就其深。"唐朝郭子仪深谙此道。安史之乱的平定,郭子仪功不可没,他却低调做人。一次他儿媳吵架,升平公主摆起皇家架子,辱骂丈夫。郭暧气愤地说:"你神气什么! 皇帝不靠我老爸能坐稳吗? 老爸不稀罕做皇帝,不然早就做了!"郭子仪听到后,二话没说唤人把郭暧绑了,送给皇上处置。郭暧的话若追究起来,是要满门抄斩的。皇帝李豫大度,笑笑说:"不痴不聋,不做家翁",小两口吵嘴说的话,大人何必较真? 一场天大风波,止于无形。

第三十二章　弘扬大道　天下利往

【帛书】35. 执大象，天下往。往而不害，安平太。乐与饵，过客止。故道之出言也，曰淡呵乎其无味也。视之不足见也，听之不足闻也，用之不足既也。

【王本】35. 执大象，天下往。往而不害，安平太。乐与饵，过客止。道之出口，淡乎其无味。视之不足见，听之不足闻，用之不足既。

【析异】1. 有"设"（郭简）"执"之异。裘锡珪先生认为"设"比"执"好，用设卦观象类比论证。甲骨文设啊，手举重锤敲木桩。即使设计图纸，也要有生活经验基础。设必有可供操作对象，才能设置、建设。巧妇难为无米之炊。卜卦有具体物质（龟板、玉器、蓍草）操作，卦象来自卜卦。道无形无状，道象看不见，摸不到，谁能设？老子也不能！道象只能借助语言进行陈述，加以弘扬，用"设"不妥。"执"指用道，和下文"道之出口，淡乎其无味"的义理衔接不上。老子讲弘道之益，全文分三段。先讲大道，从理论到理论，从概念到概念，平淡无奇，波澜不惊，听之索然无味；尔后借流行歌曲和美食很能诱惑人为喻，指出外因干扰修道；再讲弘道不易，用道有益。暗示闻道者，求道不是品尝美食，听管弦，无法图口耳之爽，要心无旁骛，淡定，耐得住寂寞。道不可说，又不可不说，考验着授道者的智慧，语言驾驭能力。【新编】弃设、执，用弘字。

2. 本章结尾，所有版本都是"用之不足既"。既含完了、尽之意，既在甲骨文中指吃饱打嗝。"用之不足既",直译为"用之不足尽",语意别屈,【新编】调整为"用之而不既"。

【新编】弘大象^①,天下往。往而不害^②,安平太。乐与饵,过客止。道之出口,淡乎其无味。视之不足见,听之不足闻,用之而不既^③。

【注释】① 弘大象:弘,动词,把道的精妙陈述给求道者,启迪天下人。

② 往而不害:纵横摆阖,无碍万物。

③ 既:穷尽。

【意译】我所传授的道,法象很大,谁要是把握了她的精髓,通行天下,有百利而无一害。音乐和美食,诱惑力大,让人陶醉,让人垂涎。道这个东西,平淡无味,说不清,看不见,听不到,摸不着,无法直接感知。一旦掌握了道的要妙,将道运用起来,无事不从容。

【品析】本章论述传道不易,修道之艰,用道之益,着重强调抓关键是根本,或叫抓大象。本章未说如何抓关键,只是说抓住了,益处多多。"弘大象,天下往。往而不害,安平太""用之而不既""侯王若能守之,万物将自宾。"其他章中有具体说明。

古代抓大象真有其事,舜耕历山,抓象代耕。为、伪中有象 ，豫字也然。大象不好抓,抓要得法。老子不是真教人抓大象,而是用形象比喻,强调抓关键的重要性。道的法象大,抓准关键很重要。什么是关键?《易经》说:法象莫大于天地。伏羲执天地象首创八卦,被供奉为华夏人文始祖。老子抓住了大道法象,以五千圣言传世。大道之象不好抓,师父请进门,修成在个人。制心一处,方能修成正果。

一天,奕尚禅师起床,传来阵阵悠扬的钟声,禅师凝神侧耳倾听。钟声一停,他便召唤侍者,问道:"今天打钟的是谁呀?"侍者回答道:"是新来的和尚。""你把新来和尚叫来。"禅师温和地问道:"你今天早上以什么样的心情在打钟啊?"新来的和尚回答道:"没有什么特别心情啊,只为打钟而打钟啊。""不见得吧? 你在打钟的时候,心里一定在想着什么,因为我今天听到的钟声,与往日大不相同,是非常高贵的声音,那是心诚之人才能打出来的声音啊。"禅师说出了他的感受。新来的和尚说:"我没有特意想什么。一位师父曾告诉我,打钟的时候应该想到钟就是佛,必须虔诚斋戒,敬钟如敬佛,用一颗禅心去打钟。"奕尚禅师听了非常满意,并叮嘱道:"往后处理事务时,都要有今天早上打钟时的禅心。"[18]

古公亶父是一个小国国君,他在豳地发展农业,使百姓享有幸福的生活。戎狄见了眼馋,率兵前来攻打。古公亶父认为他们要的不过是财物而已,就给他们,避免百姓受累。不久戎狄又来攻打,这次他们指定要人民和土地。豳地民众非常愤怒,准备齐心协力抗击敌人。古公亶父说:"君主的存在就是为人民谋福祉的,现在戎狄来攻击我们,目标是我的土地和人民,而人民属于我或他们,又有什么区别呢? 如果让人民因为我的缘故而去战斗,那就有死伤。不但不能为人民谋福祉,反而害了人民,这就失去当君主的意义了。我不忍心这么做。"于是他离开了豳地,渡过漆、沮二水,千里跋涉,定居岐山之下。

豳地的人民感念古公亶父恩德,扶老携幼,跟着他来到了岐山,其他地区的人民,听到古公亶父的仁爱,也纷纷前来归附他。所以古公亶父的势力渐渐强大起来。古公亶父去世后,传位给孙子姬昌(周文王)。这是"弘大象,天下往"的典型范例。

第三十三章　欲擒故纵　微妙玄深

【帛书】36. 将欲翕之,必固张之;将欲弱之,必固强之;将欲去之,必固举之;将欲夺之,必固予之。是谓微明。柔弱胜强。鱼不可脱于渊,国之利器不可以示人。

【王本】36. 将欲歙之,必固张之。将欲弱之,必固强之。将欲废之,必固兴之。将欲夺之,必固与之。是谓微明。柔弱胜刚强。鱼不可脱于渊,国之利器不可以示人。

【析异】1. "翕""歙"之异。合羽成翕,肢体收拢,精神内敛,引申为降服;歙,从翕从欠。欠，打哈欠,"志倦则欠",阳气不足,萎靡不振,伯仲自见。

2. "去、举""废、兴"之异,大同小异。添加刚字,对仗工整。

【新编】将欲翕之,必固①张之。将欲弱之,必固强之。将欲废之,必固兴之。将欲夺之,必固予之。是谓微明②。柔弱胜刚强③。鱼不可脱于渊,国之利器④不可以示人。

【注释】① 固:先,暂且。

② 微明:见微知著。大道至简,灵活运用,必收奇效。

③ 柔弱胜刚强:弱小胜强大。人们习惯秉承"刚胜柔,强食弱"的观念,老子一反常态,提出柔之胜刚、弱之胜强的观点。莫忘前提条件:"知强守弱"。

④ 国之利器：一切有利于国家因素,包括人才、方略、武器等。

【意译】想要收拾它,就先放纵它;想要削弱它,就先增强它;想要消灭它,就先抬举它;想要剥夺它,就先给予它。这是微妙高明的策略。软弱的小东西,往往能够战胜强大的对象。鱼儿不可以随意跳出生养它的深渊,国家实力不能轻易炫耀于世。

【品析】本章是"弘大象"的诠释,讲对立统一规律,讲辩证法,讲矛盾转化,讲处世谋略,讲安邦策略。老子从辩证历史唯物观角度出发,认为柔胜刚,弱胜强。柔弱的东西里面蕴含着内敛因子,富于韧性,生命力旺盛,大有发展空间;看似刚强的东西,由于它张扬外露,往往失去了发展空间。物极必反,盛极必衰。在刚强与柔弱对立中,老子看重变化趋势:此消彼长,各向其反面转化。应对策略:坚守柔弱,做足弱转强功夫,才能柔弱胜刚强。

细观世间事物,柔弱胜刚强具有普遍性。牙齿易落,舌头终老;骨脆易折,筋柔难断;山陵易崩,沟壑易平;火爆者夭,温和者寿;牝胜牡,静胜躁;水滴石穿,绳锯木断。

矛盾转化是有条件的,老子用简短形象之语概括:"鱼不可脱于渊,国之利器不可以示人",把内外环境、主观和客观、自然和社会方面讲透了。弱胜强,柔胜刚,要有良好外部环境:鱼儿离不开水源,猛虎离不开群山,君王离不开民众;国家不可轻易暴露实力和战略意图。造势于无形,善假于人,韬光养晦,迷惑对手,以待时机,击败对手。

自古及今,异彩纷呈。曹刿论战,静待对方三鼓之后再出击,一击制胜。淝水之战,东晋几万军队在谢安统帅下,面对北方 80 万虎狼之师,果敢出击,巧妙调动北方军队后撤,符坚中计,一败涂地,上演了一曲八公山上、风声鹤唳、草木皆兵的历史大剧。弱小工农红军巧妙运用"敌进我退,敌驻我扰,敌疲我打,敌退我追"十六字方针,隐强示弱,诱敌深入,用小米加步枪,打败了国民党的飞机加大炮;抗美援朝战争,以高超谋略,以压倒一切敌人而不被敌人压倒的英勇气概,以低劣的装备,打败了武装到牙齿的 17 国联军,堪称世界军事奇迹。

有些人认为老子好耍阴谋,认为老子是地道的阴谋家,是阴谋论的源头。错把老子阴柔谋略,曲解成阴谋。一字之差,谬之千里。老子信言,指引光明正道,鄙视歪门邪道。在"翕与张""弱与强""废与兴""取与给"四对矛盾中,老子采用动态分析,守弱造势,化被动为主动,最终战胜强大的策略,论述量变引起质变规律、矛盾对立统一性、矛盾转化关系以及矛盾存在的普遍性。明确告诉人们,正确运用辩证思想方法,顺势而为,将利益最大化,确保国家长治久安。老子所陈述的方略,都是为了治国安邦,哪有半点阴谋!

阴与阳好比一物两面,用阴也好,用阳也罢,关键在活用。老子主张用阴柔之势,不主张用阳刚之力,顺道取势,借力打力,充满大智慧。柔能克刚,弱之胜强,"以正治国,以奇用兵,以无事取天下""取天下恒无事,及其有事,不足以取天下""不以兵强天下""以智治国国之祸,不以智治国国之福"等等,教人正心无为,诚信天下,说老子玩弄阴谋,有悖常理。说老子耍阴谋的人,不是信口开河,就是一知半解,或别有用心。断章取义不科学。

在国家生死存亡关头,尽可能运用谋略造势,从气势上压倒对手,把握战争的主动权。敌我双方斗智斗勇,谋略取势,镇服对手,不叫阴谋。两军对峙,三十六计无论怎么用,均不为过。阴谋是工于心计,以暗算、陷害等阴险毒辣手段,对付知己,对付亲人,对付善良的人们,达到为自身谋利目的,为心术不正者惯用的伎俩。

第三十四章　道恒无为　守道自化

【帛书】37. 道恒无名。侯王若能守之,万物将自化。化而欲作,吾将镇之以无名之朴。镇之以无名之朴,夫将不欲。不欲以静,天地将自化。

【王本】37. 道常无为而无不为。侯王若能守之,万物将自化。化而欲作,吾将镇之以无名之朴。无名之朴,亦将无欲,不欲以静,天下将自定。

【析异】1. "道恒无名""道常无为而无不为"之异。无为与无不为相冲突。无不为,不符合辩证法。道不能让圣人永生,让坏人绝迹。老子讲"无为而无以为",不会讲"无为无不为"。

2. 除帛书外,其他版本在第二个"无名之朴"前无"镇之以",文理不通。

3. 郭简也无"吾"字,符合老子哲学思想。老子善下,不会讲自己用道镇之。"将镇之以无名之朴",有两层含义:一指弘道者,用道的理念教育人,二指世人用道自我调控。

4. "天地将自化""天下将自定"之异。人类是宇宙万物一部分,只言天下,缩小了经义视界。天地是双关语,既指天地间,也暗指君王和王后,天下指社会中人们。老子认为在上垂范天下收效大。自定,安分守己,不逾矩;自化,自我教育,自我管理。联系38章,便知伯仲。

【新编】道恒无为,无为而无以为。侯王若能守之,万物将自化。化而欲作,将镇之以无名之朴①。镇之以无名之朴,夫将不欲。不欲以静②,天地将自化。

【注释】① 朴:是老子对先天、自然状态法则与规律的概括。不宜把朴与道等量齐观。

② 不欲以静:没有欲望,心情恬淡。静在经文中有隐有显。显性静分布在 8、15、16、26、37、45、57、61 等章,隐性静渗透在无为、无执、稀言、善下、不争等字里行间。

【意译】自然规律,永恒不变,顺势而为,运行最优化。君王若能遵循规律,坚持无为理念治国,必然繁荣昌盛,物阜民丰,人人都能自我教育。在自我教育过程中若有人产生过分贪念,出现反复,弘道者将用道的理念,引导他们自我约束。经常用道的理念引领他人、约束自己,人们逐渐淡泊名利,舍弃贪欲。舍弃贪欲,躁动之心就会慢慢宁静,天地万物都各行其道,万界和谐。

【品析】本章强调守道用道的重要性,讲驾驭策略,讲政治哲学,高屋建瓴。侯王法道,面南垂范天下,抓大放小,无需事必躬亲,干预天下。

治国理政要奉行无为理念行事,规律不屈从于任何权势:"天下不敢臣"。道恒无为,运行不止,斗转星移,鸢飞鱼跃,四时更替,万物各得其所。道无心、无私欲、无偏执,完美无缺。无为,天然去雕琢,一任常然,不加干预;无为也可理解为,破除执著,拒绝沉溺,按规律办事。

老子推崇的道不同于任何宗教的神。神有私心,有所求。你不焚香,神就不高兴,烧香不慎冒犯也会受惩罚。西游记中的奉天郡官爷与夫人扭打,无意中打翻了案几上供品,玉帝动怒,惩罚他管辖区年年大旱,若不是猴王过问,不知要惩罚到何年何月,遭殃的还是贫苦百姓。道则不然,烧不烧香都一样,道视万物为刍狗。老子将道的理念引入社会,要求侯王守之,万物将自化;引向人生,自我修炼,自我完善。

无为源自道的超越性,无以为源自道的内在性。超越性不受时空限制、不受外物影响,道法自然;内在性是指天地宇宙间无一物不来自于道,道又植根于万物之中,和光同尘。正因为道具备了这种内在性和超越性,所以道才完美无缺。

老子再次强调治国根本在于无为,治民根本在于统治者无欲。在自我教育的过程中,如果人们出现贪念,首先进行思想教育,改造他们的世界观。改变人的观念是难事,要有耐心,做过细的思想工作。上无机心,老百姓怎么会有非分之想呢?上不乱为,不贪不奢,百姓怎么会生偷盗之心呢?执政者遵循道的法则施政,百姓生存没有威胁,怎么会聚义造反呢?

人是有理性、有情感、明大义、识大体的。汉文帝一封修书,晓之以理,动之以情,使赵佗心悦诚服归汉,史称文帝一封书信稳定南疆半壁江山;孔明七擒七纵孟获,目的在于借助孟获号召力治边安边。杀孟获易,安边难。强拧瓜不甜,强制于人人不服。

"不欲以静,天地将自化"。没有过分的贪欲之心,天人合道。原始社会,人们相互协作,互相帮助,社会公平,没有等级,和谐相处,社会安宁。社会发展了,物产丰富了,分配不公了,贵贱产生了,伊甸园毁了,魔鬼趁虚而入。你争我夺,你死我活,鱼死网破,"人世难逢开口笑,上疆场彼此弯弓月,流遍了,效原血。"所以需要道化人心。

第三十五章　失道后德　失义后礼

【帛书】38. 上德不德，是以有德。下德不失德，是以无德。上德无为而无以为也；上仁为之而无以为也；上义为之而有以为也；上礼为之而莫之应也，则攘臂而扔之。故失道而后德，失德而后仁，失仁而后义，失义而后礼。夫礼者，忠信之薄也，而乱之首也。前识者，道之华也，而愚之首也。是以大丈夫处其厚，不居其薄；处其实，不居其华。故去彼取此。

【王本】38. 上德不德，是以有德。下德不失德，是以无德。上德无为而无以为；下德无为而有以为。上仁为之而无以为；上义为之而有以为。上礼为之而莫之以应，则攘臂而扔之。故失道而后德，失德而后仁，失仁而后义，失义而后礼。夫礼者，忠信之薄，而乱之始。前识者，道之华，而愚之始。是以大丈夫处其厚，不居其薄；处其实，不居其华。故去彼取此。

【析异】1. 帛书无"下德无为而有以为"句。前文已有"下德不失德"语，"不失德"是有以为，再讲无为，自相矛盾。

2. "愚之首""愚之始"之异。《韩非子》中有则故事：詹何端坐，弟子侍候，牛在门外哞哞，弟子说"是头黑牛，头是白的。"詹何说："是黑牛，白在牛角。"派人查看，果然是头黑牛，白布裹着牛角。故事诠释了"愚之首"的内涵。老子把弄虚作假、故弄玄虚排在愚之前，机心比愚昧更可怕，弄虚作假，对社会危害更大。用"始"无法与老子思想相契合。

【新编】上德不德①,是以有德。下德不失德,是以无德。上德无为而无以为②;上仁为之而无以为;上义为之而有以为③;上礼为之而莫之以应,则攘臂而扔之④。故失道而后德,失德而后仁,失仁而后义,失义而后礼⑤。夫礼者,忠信之薄而乱之首。前识者⑥,道之华而愚之首。是以大丈夫处其厚,不居其薄;处其实,不居其华。故去彼取此。

【注释】① 上德不德:德性社会内涵是合众人之心。上德,至德。至德之人,行事合德,不以为有德。

② 无以为:做了就像没做似的。顺应规律,办事得法,不着痕迹。

③ 有以为:自逞其能,妄为蛮干。

④ 攘、扔:攘,解衣,引申为排斥;扔,抛、掷。

⑤ 礼:指等级森严的统治制度。周公首创礼制,孔子极其崇拜这位鲁国先祖,孔子终身坚行“克己复礼”理念。不平等礼制是激起民愤的根源。老子晚年抛弃礼制。

⑥ 前识者:指失道而高擎仁德大旗的人。

【意译】不认为自己行善是德,那是真有德;自我标榜有德,德不离口,实际是无德行为。上德之人无为处事,有功不居功;上仁之人处事,顺理有所为;上义之人处事,心有所偏;上礼之人处事,如果无人回应他,就会放弃信念,甩手不干。所以说,当人类无法坚守大道的时候,只能强调德性,失去德性之后会寄希望于仁,失去仁之后会强调义,失去义之后只有坚守礼制了。礼是忠信最薄弱环节,也是祸乱根本所在。百家倡导仁义礼,好像能够治理社会,其实只知道点皮毛。因此,大丈夫处事稳重,摒弃轻薄,立足于朴实,不虚图华表。舍弃轻薄和华表,坚守厚重朴实的大道。

【品析】本章顺“天地将自化”经义论德,用犀利之笔揭露了春秋社会上流人物的虚伪性。老子清楚,周得天下对要不要建立德性规范产生过激烈争论。一种观点提倡回归上古状态，老子推崇这种观点，直言"上德不德，是以有德"；另一种观点认为必须建立德性标准，创建礼制。老子最初政治理想就是礼制治天下，辅佐周王室找回昔日荣耀。周天子不思进取，沉溺酒色歌舞，王子们为继承权，相互搏杀。老子直书："夫礼者，忠信之薄而乱之首。"标榜至德，"是以无德"。周王室推行礼制，等级森严，治人事天都要杀奴隶。

无为而无以为，顺应规律，无机心做事；为之而无以为，有意为之，但无机心；为之而有以为，自命不凡，偏心做事；为之莫以应，刻意做给人看，无人应答便罢手。品德高尚的人，诚心做事近道，上仁之人做事不违背规律，上义之人有目的而为，上礼之人，哗众取宠。

进入奴隶社会后，奴隶主掌控话语权，诠释德性内涵，其德无法消除分配不公产生的后遗症，便以仁的说教出台。仁不能为人遵守，又以义的说教来填补。义不能为人们认可，又弄出个礼来。礼的产生是意识形态领域最露骨的统治，强调绝对服从。把奴隶当牲畜，随意宰杀。"殇"是佐证。礼是天下衰亡祸乱之根。"道、德、仁、义"都有选择余地，唯独礼没有，只有绝对服从，不可越雷池半步。奴隶主杀奴隶如同杀鸡鸭，所以老子说礼是祸"乱之首"。南怀瑾先生解析"前识者，道之华，而愚之首"时说："有神通的人，智慧越大，痛苦越大，最后家都丢了，都变成了精神病。"[5]老子说德不离口的人，只知道的皮毛，认识肤浅。

老子将政治道德内涵清晰地分为五个层次：道、德、仁、义、礼，由厚渐薄，逐渐下流，离道越来越远。人类社会物质文明程度越来越高，精神面貌却江河日下。如来归寂前曾叹息：人类已进入末法时代。天下失道久矣，人性修炼应该遵循：礼→义→仁→德→道。

老子长期在周王廷担任守藏室史官。前期老子政治理想就是希望周王朝恢复王权，恢复礼乐统治。老子长期目睹每日沉溺于歌舞美酒的周天子，矛盾与企盼交织在一起。

公元前520年的一天，周景王姬贵宴请晋国大臣籍谈。在觥筹交错声中,周景王向籍谈索要贡品。籍谈以晋国很少接受周王室赏赐为由予以拒绝。周景王大为恼火,他悉数王室赐予晋国的器物,讽刺记录晋国典籍的籍谈数典忘祖。堂堂周天子,不思进取,竟然厚着脸皮向诸侯国乞讨度日,陷入迷惘中的老子,坚定了探索天地间真谛的信念。这年底,周景王驾崩。王子姬猛、姬朝,为王位继承权相互搏杀。经过血腥拼杀,姬朝被逐出王室。姬朝心犹不甘,洗劫了周王朝的精神财富。几个世纪积攒下来的史料,荡然无存。仰望苍天,老子缓缓吟道:失道而后德,失德而后仁,失仁而义,失义而后礼。夫礼者,忠信之薄而乱之首。

公元前 516 年,一个孤独苍老的身影,离开洛邑,回到了涡阳故乡。在故乡的卅年中,老子进一步完善了道的理论。公元前 486 年,老子西行,来到函谷关前,被函谷关令尹喜盛情接待,尹喜搀扶老子坐上马车,驶向终南山楼观。终南山楼观,群山环抱,云雾缭绕,古木参天,群山之巅,时出时没,恍若仙境,老子遐想,始著五千真言。大美终南山,千秋仰圣人。空山人不见,云深道可闻。楼观滴清翠,霞光染烟云。智慧出东方,道法万古存。

第 7 单元

道生万物　道不废界

　　第 7 单元，先论述大道创世，衍生万物，以及运行规律，后阐述有识之士应该重本清源淡泊名利的道理。在俗人眼里，万物界限分明；在有道者心中，万物齐一，相互转化，万物生于道，复归于道。

第三十六章　道生万物　物抱阴阳

41. 道生一^①,一生二,二生三,三生万物。万物负阴而抱阳,冲气^②以为和。人之所恶,唯孤、寡、不穀^③,而王公以为称,故物或损之而益,或益之而损。人之所教,我亦教之。"强梁者^④不得其死",我将以为教父^⑤。

【注释】① 一:一不是道,是道演化的初始阶段;二指阴阳之气,矛盾的对立面;三是阴阳和合之气。一、二、三均指大道演化的不同阶段。

② 冲气:调节阴阳,避免孤阴、孤阳。孤阴不生,独阳不长,辩证处事,不可偏废。

③ 不穀:穀,轴承(见"三十辐共一穀"),中心,不穀,孤僻,不合众,自谦。

④ 强梁者:蛮横逞凶,以势欺压他人,胁迫他人的人。

⑤ 教父:受人尊敬的创始者,如国父、教父等,喻指根本、信条、原则、规矩。

【意译】无形的宇宙本体,产生了混元之气,混元之气产生阴阳之气,阴阳之气相互冲和,产生日月星辰,尔后衍生万物。万物本能地依道而行,和谐阴阳,生机勃勃。天下人都讨厌孤、寡、不穀,侯王却用来称谓自己。所以,对一个人来说,有的事情表面上看对他有损害,实际上对他很有裨益,有些事情对他好像很有裨益,实际上却有损害。别人所教诲人的,我用它来教诲人,"蛮横逞凶的人不得好死"这句话,我用来作为教诲人的首要信条。

【品析】本章以"一"作道的运行状态,讲宇宙起源(一与道不同,一是道之子),论述两大内容:一讲宇宙生成模式,二讲社会生态演化。老子用道无为调和阴阳生万物、万物依道和谐阴阳而兴的道理启发世人,无为自然,言行合道,表里如一。有些人好恶成瘾,厚此薄彼,文过饰非,扬己之长,揭人之短,爱在别人伤口上撒盐,又喜欢争强好胜。太上自称"孤、寡、不穀",出于真心,表里一致;侯王们满口仁义道德,一肚子男盗女娼。"强梁者不得其死!"该教的我都教了,该说的我都说了,是祸是福自己当。

宇宙创生

宇宙本体在道的运作下,瞬间爆炸,产生混沌状态。混沌状态是奇点爆炸后的超高能量场,沸腾的能量转化为光子、电子、中微子……宇宙继续膨胀,虚空扩张。宇宙在

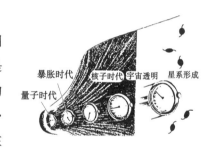

10^{-43} 秒之前处于量子时期,10^{-35} 秒时加速膨胀,在 1 秒至 3 分钟阶段是夸克生核子时期,随后是高密度、高能量的等离子时期,到了 30 万年时,混沌初开,宇宙变得透明,大约在 10 亿年时,星系形成了,在 50 亿年时,首批恒星形成。中国先哲们说的阴阳初分,天地有形,相当于星云化星球阶段。阴阳之气对冲不息,阴中有阳,阳中有阴,孕育星体胚胎,称之为三。

人类社会,自原始社会崩溃后,社会开始分化,利益分配不再公平,矛盾尖锐,对抗激烈,为调和社会矛盾派生出德,所以说"失道而后德"。

有人将"万物负阴而抱阳,冲气以为和"译为:"万物都是背靠阴,面向阳,阴阳相互调和。"有的动物昼伏夜出,有的植物喜阴。喜阳也

好,喜阴也罢,都是阴阳复合体。负是背,抱是搂,以负、抱形象说明万物离不开阴阳。一阴一阳谓之道,道赋予万物阴阳密码,万物继承阴阳密码,阴阳适度,才能兴盛。天地万物,都是阴阳的复合体,概莫能外。

"冲气",冲易互动,冲易和合。冲气促进阴阳和合,譬如人体,阴阳调和才健康,阴盛阳衰或阳盛阴衰都是病态。再如人体内的雄性和雌性激素,雌性激素为主雄性激素为辅是女性,雄性激素为主雌性激素为辅是男性,不存在纯雄纯雌个体。有的姑娘像假小子,雄性激素高于女性正常值,男人说话娘娘腔,说明雄性激素偏低。太极阴阳鱼,阴中有阳,阳中含阴,相抱、对流、回转、混一、相互往复。

经义弦外之音:失道之后,用德调和社会矛盾,化解社会纷争,收效甚微。

损益之论

"物或损之而益,或益之而损"。损、益玄妙至极。有些事真的不好说,刻意伤害它,结果却帮了它的忙;真心帮助它,反而伤害了它。坏事能够变好事,好事也能变坏事。一切事物无不随着条件变化而变化。20 世纪 50 年代初,美国横行霸道,悍然出兵朝鲜,企图把新中国扼杀在摇篮之中。事与愿违,搬起石头,砸了自己的脚。美国发动的朝鲜战争,反而让中国军队打出了军威,打出了国威。世界各国为之景仰,从此东方巨人真正屹立在世界东方;极大地激发了中国人民的爱国热情和建设新中国的冲天干劲,有力地促进了各行各业的蓬勃发展,加速了社会主义建设进程,赢得了长期的和平建设环境。美国不可战胜的神话破灭了。

人们都讨厌"孤、寡、不毂",侯王却不离口。王公乐称"孤、寡、不毂",是真心自谦,还是另有他图?是好是坏?是祸是福?祸福无门,唯人自招。

人要知进知退,逞强好胜,难有好下场。隋炀帝好诗而不精。有一次,他做了一首押"泥"字韵的诗命大臣相和,平平者众,唯独年轻气盛素有诗名的薛道衡和诗中有"空梁落燕泥"句,人们喜爱,争相传颂,遭隋炀帝嫉恨。隋炀帝网罗罪名把他给杀了,临刑前不忘嘲弄道:"你还能写'空梁落燕泥'吗?"不久,隋炀帝又写了一首《燕歌行》,命大臣相和。大家学乖了,嫩青才子王胄不知深浅,下笔吟出"庭草无人随意绿"的佳句,隋炀帝气个半死。不久王胄也上了断头台。大将军徐达,棋技超群,朱元璋常败于他。朱元璋荡平天下,做了皇帝,一日兴起,找徐达下棋。下着下着,徐达渐渐失势,朱皇帝说道:"天下无战事,爱卿棋技退得如此之快!"徐达跪拜曰:请皇上看棋中图。朱元璋定睛一看,徐达棋子"万岁"二字映入眼帘。朱皇帝喜不自胜,便把秦淮河上最好地段赐给徐达。徐达后人凭借这块肥地,赚足了天下钱财。"损之而益,益之而损",玄妙至极。

第三十七章　反者道动　弱者道用

【帛书】43. 天下之至柔[①]，驰骋天下之至坚。无有入无间[②]，吾是以知无为之有益。不言之教，无为之益，天下稀及之。

41. 反者道之动，弱者道之用。天下万物生于有，有生于无。

【王本】43. 天下之至柔[①]，驰骋天下之至坚。无有入无间[②]，吾是以知无为之有益。不言之教，无为之益，天下稀及之。

40. 反者道之动，弱者道之用。天下万物生于有，有生于无。

【析异】1. 世本中 43、40 两章内容联系紧密，【新编】将其合二为一。

2.【新编】在篇尾后赘"有无相生，恒也"句，意在提醒读者，老子在公元 500 年前，就提出了物质不灭定律和质量转化原理。

【新编】天下之至柔[①]，驰骋天下之至坚。无有入无间[②]，吾是以知无为之有益。不言之教，无为之益，天下稀及之。反[③]者道之动，弱[④]者道之用。天下万物生于有，有生于无[⑤]。有无相生，恒也！

【注释】① 至柔：柔到极限，低调取势，胜强大于无形。至柔不能作柔弱解。太极以柔克刚，道以柔而镇万物。

② 无有入无间：写道能入无间隙，出有无。任何物体内不可能没有间隙，原子塌陷成中子，中子星塌陷为黑洞，宇宙收缩成奇点。道可以入奇点，引爆奇点，收缩宇宙。

③ 反：古反反，攀崖返回。此反，有三层含意：一是返回原点；

二是转向对立面;三是相辅相成,如太极阴阳鱼,滚动的车轮。此处保留反字为妥。

④ 弱:柔弱。凡事物对立统一的双方中,一方不能与另一方相抗衡时都称为弱者。

⑤ 有生于无:有形有象事物内部蕴藏着无形无象因子,它们是产生有形有象的根本。

【意译】天下极柔的东西,不可阻挡地穿行于天下最坚硬的物体之中。无形之物能够穿行在没有间隙的事物之中。我就是从这里得知,用无为理念处理事务的益处。不言达到潜移默化的教育效果,无为益处大,而天下很少有人能够做到。

大道的运动表现在主导事物循环往复上;事物发展的对立面是道的运动方向,事物发展的薄弱环节是道利用的关键。天下万物都产生于有的状态,有的状态来源于无的状态。实有和虚无,相互转化,不可穷尽。

【品析】本章老子赞颂道的柔性之功和无为之益,深刻简要阐明了物质不灭定律和质能转化原理,揭示了矛盾对立统一和转化原理。至柔不局限于和刚强相对立,成为老子概括阐述问题的哲学概念。老子认为至柔是万物具有旺盛生命力的体现,是真正有力量的象征。老子不是一味要人们守柔、不争,而是要有所作为,主动地为,"驰骋天下之至坚""入无间""无以易之"。

至柔之所以能够战胜刚强,就在于至柔能以低调取势,胜强大于无形。古代工匠加工金刚钻,用的就是柔软丝线,长时间打磨。柔软丝线打磨天下最坚硬的金刚石。绳锯木断,滴水穿石,柔能克刚,无以易之之功。老子从柔水攻坚克难、弱势胜刚强入手,联想道无所不至的事实,悟出深刻道理——无为之益。老子感叹天下明白个中道理的人太少,坚行此理的人就更难得了。似乎听到老子对道友们说:我们责任重大,任重道远。要让天下更多的人修道、明道、行道。

"老子天下第一",不是虚捧之词。科学越向前发展,越能证明老子哲学论断的正确性。诸如质能转化、守恒思想、暗物质、暗能量、真空能量、超流体物质、振荡宇宙观,《老子》经文中都有相应表述。《老子》不仅仅是人文奇书,也是一本自然科学奇书。

人们惊叹,坚硬岩石能毁于无形之水而化为土壤。1937 年前苏联物理学家彼得·列奥尼多维奇·卡皮察,一天,他被自己的发现所震惊:液态氦通过了连气体都无法通过的小孔或狭缝,还可以沿着杯壁爬到杯外。这一发现科学上称超流态物质。1939 年著名科学家费米曾盛赞中微子的神奇:能穿越地球,穿越太阳,在太空中遨游。水能力再强,却不能渗透容器;超液态氦也只能沿容器之壁上行;中微子穿透能力再强,也穿透不了黑洞,入不了宇宙奇点。道则不然。道是虚无之体,比超流体牛,比中微子更有魅力。"天下之至柔,驰骋天下之至坚,无有入无间。"道能引爆宇宙奇点,炸出时空,生出万物;道能生出黑洞,也能毁掉黑洞;道能让宇宙膨胀,也能让宇宙收缩。道,"无为而无以为"。

至柔胜刚强。拔山撼岳的英雄,纵横天下,却过不了美人关;狂风大作,虽然能把行人吹得东倒西歪,却不能让人解衣敞怀;明媚的阳光释放暖暖温情,行人会下意识地脱下衣服,敞怀而行。秦末汉初,吕后专权,一味采用强硬手段压迫对手,令其臣服,激怒了南越国赵佗,他一不做,二不休,立帝称王,与汉室分庭抗礼。汉文帝继位后,采用怀柔政策,为赵佗修葺祖坟,重用赵佗族亲,派遣特使出使南越国,修书一封,晓之以理,动之以情,赵佗感恩,取消帝制,诚心归汉。汉文帝以"无事取天下"。人贵柔忌刚,领悟践行,终身受益。

本章后部内容,顺三十六章中"一"而论。正因为"一"是道的运动状态,才能体会"反者道之动,弱者道之用"的精妙,概括了自然和人类社会的现象与本质,揭示了矛盾对立物向各自反面转化以及事物循环往复运动的规律。一切事物无不处在永恒变化之中。草木荣枯、朝代更替、斗转星移、深谷为陵、沧海桑田……

事物发展的对立面是道运动的方向,事物发展的薄弱环节是道利用的关键。在道的法则运作下,任何事物都不可能永远向单极方向发展,达到一定程度必然走向自身反面,物极必反,盛极必衰,无法抗拒。强超出平均值,弱低于平均值。拥有过量一方,容易出现负增量,开始走下坡路;不足量一方,容易出现正增量,不断壮大起来;一切事物各向其反面转化,推动着矛盾运动和发展。一旦达到某个临界点,必然发生质变,新生事物取代旧事物。喧嚣人世,红尘滚滚,善处弱者地位的人,有远见卓识。

事物的发展往往在最薄弱环节上发生转变。因为道的法则是阻止事物朝单极方向发展,道善于调节、制衡、致中。反是事物发展的方向,弱是事物发生转变的时机;反是道的运动方向,弱是道利用的环节。孙膑深知齐国军队远弱于魏国军队,但他善于从弱者立场思考,作出科学战略决策。马陵之战,是孙膑以弱胜强的军事杰作。边打边退,暗中采用增兵减灶之计,退却车迹混乱,军队不乱,对手找不到破绽。狂妄自大的庞涓,不知是计,率军穷追不舍,结果魂归马陵道。孙膑的大手笔,诠释了"反者道之动,弱者道之用"的真意。

"天下万物生于有,有生于无",是老子通过观察研究发现的自然规律,并从哲学高度加以研究。有与无都是道的属性。从哲学角度讲,有就是无,无就是有,"两者同出,异名同谓。"有是显性实体状态,无是隐性虚体状态。物质与能量相互转化。用哲学语言表述就是"有无相生";用数学语言表述就是质能方程。

道、万有引力、相对论、大陆漂移学说、弦论,都生于无形,这个无形就是人脑思维运作的神奇之妙。思维运作的物质基础就是大脑,大脑生于无形分子、原子,分子、原子无不源于那个奇点爆炸。

第三十八章 得一者兴 失一者衰

【帛书】39. 昔之得一者:天得一以清;地得一以宁;神得一以灵;谷得一以盈;侯王得一以为天下正。其致之也,谓天毋已清将恐裂;地毋已宁将恐发;神毋已灵将恐歇;谷毋已盈将恐竭;侯王毋已正将恐蹶。故必贵以贱为本,必高矣而以下为基。夫是以侯王自称孤、寡、不毂,此非以贱为本耶? 非也! 故至誉无誉。是故不欲禄禄如玉,珞珞如石。

【王本】39. 昔之得一者:天得一以清;地得一以宁;神得一以灵;谷得一以盈;万物得一以生;侯王得一以为天下正。其致之也,天无以清将恐裂;地无以宁将恐废;神无以灵将恐歇;谷无以盈将恐竭;万物无以生将恐灭;侯王无以正将恐蹶。故贵以贱为本,高以下为基。是以侯王自称孤、寡、不毂,此非以贱为本耶? 非乎? 故无数與无舆。是故,不欲琭琭如玉,珞珞如石。

【析异】1. "发、废"之异。发、废古时通用。可参见"发贮"一词。发贮,指货物价贱则买进,价贵则卖出。

2. 帛书无"万物得一以生""万物无以生将恐灭"语。天、地、神、谷、侯王是种概念,万物是属概念。王本属、种概念混用,逻辑混乱。

3. "不毂""不谷"[13]之异。毂,轴承(中心),不毂,自谦;不谷,不食人间烟火。

【新编】昔之得一①者:天得一以清;地得一以宁;神②得一以灵;

谷得一以盈;侯王得一以为天下正。其致之也③,天无以清将恐裂;地无以宁将恐废;神无以灵将恐歇④;谷无以盈将恐竭;侯王无以正将恐蹶⑤。故贵以贱为本,高以下为基。是以侯王自称孤、寡、不穀,此非以贱为本耶? 非也! 至誉无誉⑥,是故,不欲琭琭如玉,珞珞如石⑦。

【注释】① 一:道支配下的混元状态,可视为道的法象。

② 神:神灵,不是指精神。

③ 其致之也:倒过来说或反过来说。

④ 歇:气绝、停止,此处指耗尽精力。

⑤ 蹶:跌倒、挫折、垮台。

⑥ 至誉无誉:舆论操纵的声望,恰恰是没有声望。当面吹捧,转身唾弃。

⑦ 琭琭,珞珞:琭琭,光泽闪烁,珞珞,坚实质朴。

【意译】回顾一下往昔得一情况:苍天得到一就清明,大地得到一就宁静,神灵得到一就有灵性,五谷得到一就很充盈,侯王得到一就能治理好天下。反过来说,苍天不能保持清明就会撕裂;大地得不到安宁就会荒废;神灵不能保持灵性定会昏聩;五谷得不到充盈就会干瘪;侯王治理不好天下就会垮台。因此,贵以贱为根本,高以下为基础。所以说侯王们好自谦,自称"孤家""寡人""不穀",这难道不是将下贱作为根本吗? 不是那回事(捞政治资本)! 舆论操纵下的至高声誉是没有声誉的,所以说,如其追求宝石的闪烁光华虚像,不如保持石头的坚实质朴品性。

【品析】本章论述得一则兴,失一则衰,苍天、大地、神灵、五谷、侯王概莫能外。暗示守道重要。一不是道,是道的运作状态,是道之象。得一好比运用科学方法,提高太阳能利用率,获得更多太阳能,而不是获得更多的太阳。

本章集中体现了老子朴素主义思想。运用对比手法从正反方面进行论述,指出依道行事的普遍意义和重要性。明确指出,位高权重者应处下、居后、谦逊。红花虽好需要绿叶衬托；侯王虽贵需要民众拥戴。老子告诫侯王，称孤道寡、服务百姓要出于真心，不要仅出于口，不要沽名钓誉，水可载舟，也可覆舟。

历史是面镜子，可以知兴衰。周幽王烽火戏诸侯，导致西周覆灭；秦始皇雄才大略，一统天下，车同轨，书同文，北筑长城，南开五岭，地及天涯，终因轻视民众，二世而亡；隋朝杨广，过度折腾天下，断送了大好江山，都逃脱不了"其兴也勃，其亡也忽"的命运。

处世哲学、人生观，五花八门，无高下贵贱之分，适合自己就好。顺道取势，风雨人生也呈祥瑞。老子推崇"不欲琭琭如玉，珞珞如石"的处世观。自古持这种处世观者有之。商末孤竹国王有三个儿子，伯夷和叔齐是孤竹国王的长子和幼子。相传孤竹国王遗命立第三子叔齐为君。孤竹国王死后，叔齐尊天伦，执意要让位给兄长伯夷，伯夷不受。兄弟二人推来让去，为让对方便于继位，各自乘着夜色离开故国，传为佳话。

对"侯王自称孤、寡、不穀"句，看法迥异。南怀瑾先生认为是侯王自谦，孤家寡人就是自认德行不够；杨国庆先生认为，孤家寡人就是独一无二的人，以"孤、寡、不穀"自称，是把自己送到至高无上的、唯我独尊的顶峰。联系"人之所恶，唯孤、寡、不穀，而王公以为称，故物或损之而益，或益之而损"和"此非以贱为本邪？非也？"等语，经义显明：上古侯王自谦出于真心，现在侯王虚情假意，仅出于口，博取虚名，捞政治资本。劝君莫为虚名负累，"不欲琭琭如玉，珞珞如石"。凡是有道之人，都很谦虚。孔子曰："三人行，必有我师也"，老子曰："江海之所以为百谷王者，以其善下之"。

第三十九章　闻道践行　善始善终

【帛书】40. 上士闻道，勤能行之；中士闻道，若存若亡；下士闻道，大笑之。弗笑不足以为道。故建言有之曰：明道如昧，进道如退，夷道如纇。上德如谷，大白如辱，广德如不足，建德如偷，质真如渝。大方无隅，大器免成，大音希声，大象无形，道褒无名。夫唯道，善始且善成。

【王本】41. 上士闻道，勤能行之；中士闻道，若存若亡；下士闻道，大笑之。不笑不足以为道。故建言有之曰：明道若昧，进道若退，夷道若纇。上德若谷，大白若辱，广德若不足，建德若揄，质真若渝。大方无隅，大器晚成，大音希声，大象无形，道隐无名。夫唯道，善贷且成。

【析异】1. 以"上德""大白""广德""建德""质真（质直）"起句这段文字，层次凌乱。"大白若辱"各版本均放在"上德若谷"之后，应该并入"大方无隅，大器免成，大音稀声，大象无形"表述中；"质真或质直"与"上德""广德""建德"不匹配。真、直是德异体字"悳"异化的误用，【新编】用"德"替代。

2. "偷""揄"之异。偷字太俗，揄，顺手牵羊，引申为不检点，不道义。

3. "大器免成""大器晚成"之异。从"道褒无名"总结语，逆向思考就容易明白，"大白、大方、大音、大象、大器"，从不同侧面陈述道性。道先天地生,讲道晚成不妥。郭简也是"大器免成"。

4．"道褒无名""道隐无名"之异。褒即褒,宽大袍服,用褒形象。老子常用大修饰道,"道大,大而不肖""恒无欲,可名于大""天下皆谓我道大",可作褒字注释。

5．"善始""善贷"之异。始与事件过程相关,贷与经营相关。

【新编】上士闻道,勤能行之;中士闻道,若存若亡;下士闻道,大笑之。不笑不足以为道。故建言①有之:明道若昧,进道若退,夷道若类②。上德若谷,广德若不足,建德若偷,质德若渝③。大白若辱,大方无隅④,大音稀声,大象无形,大器免成,道褒无名。夫唯道,善始且善成。

【注释】① 建言:格言。

② 夷、类:夷为平坦;类,本义指多种物质汇集,这里指崎岖。

③ 质德若渝:君子怀德,何惧污蔑(渝■,俞挖空树木做成船,可理解为顺其自然,水,沾湿,受玷污)。

④ 大方无隅:大方,大地(天圆地方);隅指角落。大方的东西看不到棱角。

【意译】真正做学问的人,听了道的讲座后积极钻研不间断;一般做学问的人听了道的讲座后,将信将疑,学习时断时续;见识浅薄者听了道的讲座后,不屑一顾,哈哈大笑。他们不笑不足以说明大道的精妙。所以我告诉大家:真正修道的人,虽然拥有丰富的道学知识,还会继续钻研;虽然日有精进,感觉如同逆水行舟;在修道过程中,明白了一些道理,在精进途中还会遇到难题。有道德修养的人虚怀若谷;终身积德行德不辍;终身积德不敢懈怠;德劭之人,质朴纯真,看似不德,其实深有德性。道这个东西,道理明白清晰,一般人认为毫无道理,它大得无边无际,那雄浑之声大得无法听到,这个大法器自然浑成,法象无形无状,充满宇宙,无法言表。天下唯有大道,自始至终呵护万物,成就万物。

【品析】本章论述修道就是积大德的道理,强调闻道、体道、行道的重要性。讲闻道者修道态度迥异,颂赞得道者质朴敦厚,虚怀若谷,智慧超群。

对本章内容的解读,从"建言有之"到"道褒无名",存在两种截然不同看法。任犀然、南怀瑾等人,认为"八若"是对道和德的描述;河上公、诚虚子等道人认为是陈述人的行为、品格。讲道"大器晚成"于理不通;用"大器免成",经义就顺了。

老子明确指出,不同境界的人,对闻道持不同态度。有志于道的人,一听就会身体力行(伊喜闻道,辞官归隐);一般人听了,修道时断时续;道外人听了嗤之以鼻。老子强调,他所推崇的道的确"善始且善成",无私帮助万物。

明白大道的人常怀忧虑之心,修道进入高原时期,进展似乎停滞不前,酝酿着新突破,感觉好像在退步,正所谓"手把青秧插满田,低头便见水中天。心地清净方为道,原来退步是向前。"退就是进,舍就是得,这是老子留给我们的智慧。

本章老子许多言论,已成为格言,仁者见仁,智者见智。

"明道若昧"。道明若暗,寓意深刻。黎明前最黑暗。躁动母腹中的婴儿,就要降生了,此时此刻,往往是母子生死攸关时刻;事业成功之前,必有一番艰苦的历练;不经一番寒彻骨,怎得梅花扑鼻香!不经风雨,难见彩虹。

"进道若退"。从事任何学业,进展到一定程度时,有了一定成效,感觉在退步,最容易出现反弹。此时贵在坚持,切莫打退堂鼓。

"质德若渝"。有些东西质地很好,看起来像赝品,如璞未琢。和氏璧,刚挖出,无人识,和氏先后献给楚厉王、楚武王,均遭削足。世事难料,没有慧眼,难识真伪,难辨珠目。懒残和尚,邋邋遢遢,鼻涕流下,袖子一抹。残羹剩饭充饥肠,墙角洞窟当雅床。某个隆冬深夜,李泌找到了懒残和尚,他正在破庙里烧牛粪烤红薯。李泌静跪一旁,懒残旁若无人,继续烤他的红薯。不久,他有滋有味地吃着红薯,打着饱嗝,把吃剩的红薯塞给李泌说:小子,饿了吧,趁热吃下。李泌恭敬地接过便吃。懒残道:妙!妙!妙!许你十年宰相。

"大白若辱"。道理浅显,明明白白,道外人却嗤之以鼻。

"大方无隅"。至大无外,无边无际,如虚空、大道。得道之人,落落大方,胸阔如海。

"大音稀声"。此稀可理解为隐。宇宙深空天籁音,奇大无比(音率不在人的听觉范围内,"听之不足闻")。善于施教的人,言简意赅,语惊四座,发人深省。

"大象无形"。大道空虚,无法形容、无法状摩,无形、无状、无象。"道,可道,非恒道。"法象越大,领悟它越需要智慧。得道之人,高深莫测,神龙见头不见尾。

第四十章　知足不辱　知止不殆

44. 名与身孰亲^①？身与货孰多？得与亡^②孰病^③？是故甚爱必大费,多藏必厚亡。故知足不辱,知止不殆,可以长久。

【注释】① 名与身孰亲:亲,珍贵。名誉和身体何者更珍贵。

② 亡:指丧失或损失惨重。

③ 病:心理不健全,指纠结,忧虑。

【意译】声誉与生命相比,哪个对人更珍贵?拥有生命与获得财富相比,哪个对人更有意义?得到地位与失去地位相比,哪样更让人忧虑?过度贪求荣誉和地位,就要付出巨大代价,过分收藏稀世珍宝,就会遭受惨重损失。所以,控制欲望不会丧失人格,控制过失行为不会有危险,懂得满足才是真正的满足,能最大限度延续自我生存。

【品析】本章涉及价值取向、人生观等问题。暗示世人,放下、看开、看透、看清人生真相。连续三个追问,名利与生命、财富与身体、得到与失去,哪些方面更重要?"一口气在千般用,一旦无常万事休",这个道理无人不知,无人不懂,有些人就是嗜财如命,见利忘义,关键时刻,走错了路,误了卿卿性命。明知名利索,无人肯回头。对待名利要适可而止,不可失度。失度易失足,失足易失德,失德易离道。对待名利,要得之不喜,失之不忧,要名利不要命必是痴人。名为虚象莫多取,利是身灾应少求。

"名与身孰亲"。如何正确对待名与身,老子观点鲜明,轻名贵身;重视养生,惜身;名遂功成身退。名誉和地位是虚幻之象,如梦幻泡沫,身体是宝中之宝。痴迷名誉、利益、地位者,愚不可及。

"得与亡孰病?"对得到地位与失去地位,你的忧虑重点在哪里?得到地位还忧虑?果真持这种态度的话,祸患不远。峣峣者易折,高处不胜寒。

统治阶层,劫天下财富,堆积如山,厚葬成风。生前提防盗财,死后防盗墓,生死都不安宁。长沙马王堆考古出土文物,轰动世界。一个地方侯爷,如此厚葬,最高层墓葬,会有多少财富埋在地下? 古来帝王将相陵墓被盗不知其数。"甚爱必大费,多藏必厚亡。"贪财害身,好色伤身,好名累身,贪功毁身,贪图名利、声色、地位都是病。

人最不了解的就是自己。坏习性容易沾染却难自拔。爱面子、护短、掩丑、粉饰、伪装。病不病,是大病。知足之人,舍利去欲,远色保身,功成身退,有什么不光彩呢? 这样做了,恭喜你,颐养天年,寿比南山。

冯谖当年到薛地为孟尝君收租,收了一些大户之后,将那些交不起租的贫困户租契,付之一炬。孟尝君知情后,嘴上虽然没有多说什么,内心有些不快。后来孟尝君被齐王罢相,回到薛地,民众沿途焚香跪拜,孟尝君收获了冯谖当年为他经营人心之利。

一天,释尊带着阿难在田野中漫步。释尊停步说:"阿难,你看前面田埂上那块小丘下藏着一条可怕的毒蛇。"阿难顺着释尊手指方向看过去:"啊,果然是一条可怕的大毒蛇。"附近耕地农夫听到了他们的对话,好奇地走过来探望,一看,心跳加速。"分明是一坛黄金,和尚们怎么说是大毒蛇呢? 我愿意把大毒蛇挖回家,快乐享受一辈子。"

家徒四壁的农夫,得到了那坛黄金后,开始挥霍。翻新房屋,添置新衣,更新家具,大鱼大肉,海吃海喝。一时间流言四起,传遍远近乡里。不久传到官府,官吏上门追问财源来路,农夫遮遮掩掩,支支吾吾,被下了大狱,判了死刑。受刑那天,农夫望着断头台,惊恐万状,口里不断嚷着:"那的确是条大毒蛇啊,阿难! 真是条大毒蛇啊,世尊!"

官吏听了这些怪异说词,认为必有隐情,将此事禀报给国王。国王把农夫叫上前问道:"你犯了偷盗罪,受刑时不断叫嚷'那的确是条毒蛇啊,阿难! 真是条大毒蛇啊,世尊!'是怎么回事?"农夫惶恐地说:"大王啊! 那天我在田里干活,释尊带着他的弟子阿难经过那里。他们看见埋藏的黄金,都说是毒蛇,是条大毒蛇,可我却乐坏了,把那坛金子搬回家。我现在才明白黄金真的是可怕的大毒蛇。黄金既能让我暴富,也能让我丧命,它比毒蛇更可怕啊!"[18]

其实人类最不了解的就是人类自己。文明进步的一次次报复,人们都置若罔闻。昔日幼发拉底河和底格里斯河,犹如两条生命之藤,在今日伊拉克一带交汇,形成肥沃的冲积平原。那时两河平原,林木葱葱,垄亩青青。作为人类文明的摇篮,这里孕育了太多的人类之最。最早的城市、最早的学校、最早的图书馆、最早的文字、最早的电镀产品……这里成为天下文明的中心,人们纷纷涌向两河流域,人口迅速膨胀,耕地超极限扩张……彻底破坏了降水自然周期和土壤承受力,文明发祥区域地表生态不断恶化。放眼今日两河流域,风沙茫茫,赤地千里,加之西方插手挑唆,战火不断,爆炸不断,环境险恶,犹如人间地狱。

当今天下,人们陶醉于工业文明创造的巨大财富,岂料工业化的兴起,已经造成了不可逆转的气候变化,地球越来越不适宜居住。特大热带风暴数量增多,热带海洋表面水温增加,促使风暴能量发展得更大更快,灾害性天气增多,灾情加剧。现如今人类享受着信息化时代的便利快捷生活方式,点点鼠标就能创造财富……在现代社会中,储存和控制的信息完全依赖电脑系统,被窃、被控制或崩溃的风险日益增长,信息系统变得越来越复杂,越来越容易受到攻击。当今人们热衷于人工智能的研发,一旦机器人自我更新不受人的控制,后果不堪设想。

天下有道 人心自朴

第 8 单元从有道、知道、求道、用道，到治学、修身、养生，再到为天下浑心，章章不离道。

第四十一章　天下有道　走马以粪

【帛书】46. 天下有道,却走马以粪;无道,戎马生于郊。罪莫大于可欲,咎莫憯于欲得,祸莫大于不知足。知足之足,恒足矣。

【王本】46. 天下有道,却走马以粪。天下无道,戎马生于郊。祸莫大于不知足,咎莫大于欲得。知足之足,常足矣。

【析异】很多版本无"罪莫大于可欲"句。罪、咎、祸不同层次的过失,不重复。可欲指能够达到的欲望,尝到甜头后,占有欲易放难收;欲得指贪婪,一心想得到非分之物;不知足,贪得无厌,人间饕餮。从有念头起步,发展到一心想得到,再到贪婪成瘾,层层推进,构成严密的逻辑链。

【新编】天下有道,走马以粪①。天下无道,戎马生于郊②。罪莫大于可欲,咎莫大于欲得,祸莫大于不知足。知足之足恒足矣。

【注释】① 走马以粪:马放南山,懒散溜达,随地拉屎。

② 戎马生于郊:戎马,战马。战马产崽于荒郊野外。

【意译】道在人世间,马放南山,刀枪入库,骏马溜达,拉粪道中;天下无道就会母马妊娠也得上战场,马崽生在行军途中。罪恶没有比放纵欲望更严重,过失没有比放任贪婪更令人痛心,祸患没有比不知满足更大。知道满足的满足,才是真正的满足。

【品析】本章老子用通俗形象语言说有道和无道。天下战乱源于当权者利欲熏心,视民众如草芥。战争是人性的毒瘤,它使人发疯。

把疯狂当作常态,是人间的悲哀。国家治理得好就没有战争,百姓安居乐业,走马粪于道;当统治者为了自身利益,穷兵黩武,怀胎母马都得上战场,马崽常生于征战途中,社会凋敝,民不聊生。罪恶根源来自当权者,企图满足永远不能满足的欲望。"乱世出英雄",这些英雄都是些野心家、阴谋家,是披着羊皮的狼。他们嗜好战争,祸乱天下,会有好下场吗?"强梁者不得其死。"老子提出要"寡欲""知足",就是针对他们说的。

知足是寡欲的前提。道家特别看重知足,认为知足可以决定人的荣辱、生存、祸福……并将知足作为辨认贫富的标准。如果知足,即使物质财富匮乏,主观上也会认为富有,知道满足就真的满足了。如果不知足,物质财富再多,永远没有满足之时。

知足者富,庄子理解最透彻。他在《让王》篇中通过讲故事的方式,表达心迹。

尧让天下于许由,许由不接受;舜让天下于州支伯、善卷、石户之农等人,他们没有一人乐意接受。他们宁愿不要天下,也要徜徉于山水之间,游心于天地之中。

仰观今日之天下,恐怖事件不断,战争四起,难民潮涌,饥民万万。原因就是西方霸权思想作祟,贪心不足。民主旗帜举得比谁都高,人权叫得比谁都响,坏事做得比谁都绝。随意绞杀他国领导人,随意践踏国际法,开着航母到处耀武扬威,妄言别国威胁它。嘴上说反恐,暗中支持恐怖组织,自身就是最大恐怖组织。

孔子在陈、蔡之间遭受困厄,七天不能生火做饭,野菜汤里没有一粒米屑,身躯疲惫,可是还在屋里不停地弹琴歌唱。颜回在室外择菜,子路和子贡相互谈论:"先生两次被赶出鲁国,在卫国遭受铲削足迹的污辱,在宋国受到砍掉大树的羞辱,在商、周后裔居住的地方弄得走投无路,如今在陈、蔡之间又陷入如此困厄境地,图谋杀害先生的人没有治罪,凌辱先生无人禁阻,可是先生还终日不停地弹琴吟唱,君子不懂羞辱竟然到了这等地步!"

　　颜回没有办法回答，进入内室告诉孔子。孔子推开琴弦长声叹息说："子路和子贡，真是见识浅薄之人。叫他们进来，我有话对他们说。"子路进屋抢先说道："像现在这样的处境真可以说是走投无路了！"孔子说："这是什么话！君子通达于道，叫作一以贯通，不能通达于道叫作走投无路。如今我信守仁义之道而遭逢乱世带来的祸患，怎么能说成是走投无路！善于反省就不会不通达于道，面临危难也不会丧失德行，严寒已经到来，霜雪降临大地，我这才真正看到了松柏仍然那么郁郁葱葱。陈、蔡之间的困厄，对于我来说恐怕还是一件幸事啊！"孔子说完后安详地拿过琴来，继续弹奏。随着琴声，歌咏不绝，子路兴奋而又勇武地拿着盾牌跳起舞来。子贡说："我真不知道先生如此高洁，而我却是那么浅薄！"

　　古时候得道的人，仕途通达快乐，困厄环境也快乐。心境快乐与否，不在于困厄与通达，道德存留于心中，那么困厄与通达都像是寒与暑、风与雨那样自然。

第四十二章　尊道无为　事事从容

【帛书】47. 不出户,以知天下;不窥牖,以知天道。其出弥远,其知弥少。是以圣人,不行而知,不见而明,弗为而成。

【王本】47. 不出户,知天下;不窥牖,见天道。其出弥远,其知弥少。是以圣人,不行而知,不见而明,不为而成。

【析异】1. "知天道""见天道"之异。道是隐性物质,"视之不足见",无法直观感知,只能心悟,不可能看得见!

2. 世本末句都是"不(弗)为而成"。无为不是不为,而是顺势而为,循理而为。道无为,"反者道之动,弱者道之用",不为与"天道酬勤"成语相悖。天上不会掉馅饼,【新编】调整为"无为而成"。

【新编】不出户,知天下;不窥牖,知天道①。其出弥远,其知弥少。是以圣人,不行而知,不见而明,无为而成。

【注释】① 天道:本义指天体运行规律,又指神圣之道。

【意译】有道之人,不出家门能够准确把握天下大势走向;不观天象,能够知晓宇宙运行规律。有的人苦行万里,知之甚少。所以说,有道之人,不必远行,根据道的运行规律就能明白事理,不必亲自观察,能知情形,静心悟道,尽得其妙。

【品析】本章讲真理探究在于沉思,讲认识论和方法论。做理论研究的人,无需事必躬亲,关键在领悟。心相无限,创造无限。讲闻道修道,在于静心沉思,"致虚极,守静笃",不必苦行万里。"其出弥远,其知弥少。"佛祖当年静坐菩提树下,彻悟成佛,创立佛教。老子创立道学于洛阳,完善于解职回故乡期间。

有人认为老子是唯心主义者,否定实践的重要性,轻视经验的巨大作用。知识不外乎两类:原理性知识和应用性知识。获取应用性知识必须勤于实践,实践出真知。发明王爱迪生,一生勤于实践,单就电灯灯芯材料,他就做了1600多次实验。超越时代的理论研究,无法实践。道、相对论、弦论,实践无法获得。

老子一生追求真理,由潜心礼制到抛弃礼制,进而创立道的学说,探寻终极理论,不是墨子做光学成像,不是鲁班造房架桥。老子从修身出发,推及政治领域。天和人都是大道所生,具有共同性。天道人道相融,天人相通,精气相贯。人君清静,天下澄澈,人君贪婪,天下污浊,吉凶祸福,出自人心。"以身观身,以家观家,以乡观乡,以邦观邦,以天下观天下"。老子认为,世上万事万物有规律可循,掌握了规律,就能洞察事物真相。人的心灵犹如一面镜子,这面本明智慧之镜常被欲念玷污了。人需要反求自身,积极提高自身道德素养,净化欲念,清除心灵污垢,以本明之智、虚静之心观照外物。

研究万有源头,经验没有用。领悟大道,贵在沉思,无法实践。老子认为,人、动物、植物之间的差异,人仅多一层思考。动、植物不知道,按本能行道,物竞天成。人能知道、行道、弘道。人能主动行道,也能主动逆道,天下逆道人太多,这个世界被人搅乱了,失道已久,需要弘道,纳道于心,坐在哪里都行,无需苦行万里。跑马观花,能有多大收获? 这叫"其出弥远,其知弥少"。

"五色令人目盲,五音令人耳聋,五味令人口爽"。花花世界,诱惑太多,容易让人迷失自我。陶醉于声、色、香、味之中,能悟道吗? 道很抽象,深藏不露,唯有静心宁神,制心一处,排除一切干扰,方能悟得大道。

"不行而知,不见而明,无为而成"。修道之人,修养内心,以明明智慧观照外物,通过抽象推理获得真知,不用窥望就能够明了,不必亲身实践也能有所成就。

　　"不出户,知天下;不窥牖,知天道",不是今天点点鼠标,天下大事小事尽在其中,这些都是傻瓜事件,老子所言是道德真如,需要心悟。明朝理学大师王阳明,年轻时受朱熹影响,践行"格物致知"的道理,据说每天坐在竹园里格物,风霜雨雪不间断,连结婚拜堂前把新娘都晾在一边。终于格出大毛病,方知此法行不通。后来受人迫害,遭贬发配到贵州龙场驿。佛祖当年坐在菩提树下修得正果的奇迹,重现于王阳明,他在那里领悟到,道理只在人心中,良知无需外求,修炼成心学宗师,史称龙场悟道。

第四十三章　为学日益　闻道日损

【帛书】48.为学者日益,闻道者日损。损之又损,以至于无为。无为而无以为。取天下恒以无事,及其有事也,不足以取天下。

【王本】48.为学者日益,为道者日损。损之又损,以至于无为。无为而无不为。取天下常以无事,及其有事,不足以取天下。

【析异】1."闻道日损""为道日损"之异。独立看【王本】开篇两句,工整对仗,绝妙!若是纳入老子哲学体系思考,就不妙了。为道是行道、用道,遵循规律办事,规律还能损吗?大道至简,还损之又损,不符合逻辑。闻道是修道,是探究,是寻找规律,需要删繁就简,去枝强干,损之又损,才能抓住真谛,拨云见日。

王本工于文字,疏于经义。如"企者不立,跨者不行""为学日益,为道日损""千里之行,始于足下"等表述,都偏离了老子的哲学思想。

2."无为而无以为""无为而无不为"之异。从经文论述中可以看出,"无不为"与"恒无事"相冲突。无为能做到,无不为做不到。老子不讲没有回旋余地的话。无以为,做了好像没做似的,这叫"善行无辙迹""百姓皆谓我自然"。

【新编】为学日益,闻道日损①。损之又损,以至于无为。无为而无以为。取②天下恒以无事,及其有事③,不足以取天下。

【注释】① 为学日益,闻道日损:学𦥯,×算筹,𦥑双手,人字梁指教室或学堂,两竖为学习者。学习日用知识,要日积月累;领悟客观规律,要由表及里,去伪存真,思考是关键。

② 取:是治理,不是夺取。

③ 有事:苛政弊端,无事生事,妄为添乱。

【意译】探求知识,要日有精进,如做加法,为学唯博;领悟大道,探寻普遍真理,如做减法,删繁就简,寻找规律,修道唯约。把握规律,按规律办事,就能举重若轻。管理天下民众,无为自然,乱为、妄为,是管理不好天下的。

【品析】上章讲心悟法空,本章老子以求学、修道为喻,阐明取天下策略。老子从求学修道比兴入手,强调学习内容不同,方法迥异,阐述无事取天下的无为理念。爱因斯坦是理论大师,他曾说:书上能查找到的我不记它,我只思考书上没有的东西。发明大师爱迪生说:一些重要数据我都记在脑子里,我没有时间查找。老子是哲学家,一心求道。求道是探求规律,道虚无杳冥,浑然一体,要去粗取精,去伪存真,由此及彼,由表及里,才能探骊得珠。如同由璞制器,一点点剥离,细心琢磨。

"损之又损"有多重内涵。一是指外界,把干扰性内容剥离掉;二是指内心,清除私心杂念,清除功利思想,让心地纯洁,不生妄念,智慧自来;三是修道,探究自然规律,必须删繁就简,抽象概括,提炼出最核心内容。如庄子《德充符》中描述的坐忘境界,诠释着"损之又损"的内涵。庄子导演了颜回与孔子对话学道话剧。

颜回说:"我有进步了。"仲尼说:"说来听听。"颜回说:"我已经忘掉礼乐了。"仲尼说:"这样可以,但是还不够。"过了些时日,颜回向孔子汇报说:"我有进步了。""说来听听。""我已经忘掉仁义了。"仲尼说:"这样可以,但是还不够。"又过了些时日,颜回汇报说:"我又有新的进步了。"仲尼赞道:"了不得!"颜回说:"我已经坐忘了。"孔子惊讶道:"何谓坐忘?"颜回说:"堕肢体,黜聪明,离形去智,同于大道,此谓'坐忘'"。

"无为而无以为"是修道者修道的至高境界。修成大道的人，用无为理念治理天下。"我无事而民自富"。轻徭薄赋，不搞形象工程，不建豪宅，不大兴陵园。如汉初赋税由十五抽一，到三十抽一，天下富足，人丁兴旺。

"无为而无以为"的思想贯穿《老子》始终，是老子的重要哲学命题。老子从哲学高度论证了无为的社会意义。有人认为无为是消极的，腐朽的，开历史倒车。妄议了！本着无为理念处事，在发展变化中避开矛盾冲突，人生信步绿道，从而达到理想境界。

老子取天下的标准是恒无事。无事就是以自然为师，天行有常，世运有律，顺应规律，顺势而为，以百姓心为心。历史上三皇五帝，老子本人、孔子、如来等人，德配天地，都是无事取天下，行的是王道；三代以后以武力取天下，行的是霸道，犹如天上浮云，来得快，去得也快。其兴亦勃焉，其亡亦忽焉。江山易姓，刀光剑影，血流成河。

第四十四章　圣人无心　民心为心

【帛书】49.圣人恒无心。以百姓心为心。善者善之；不善者亦善之，德善也。信者信之；不信者亦信之，德信也。圣人在天下欱欱，为天下浑心。百姓皆注其耳目焉，圣人皆孩之。

【王本】49.圣人无常心，以百姓心为心。善者吾善之；不善者吾亦善之，德善。信者吾信之；不信者吾亦信之，德信。圣人在天下歙歙焉，为天下浑其心。百姓皆注其耳目，圣人皆孩之。

【析异】1."圣人恒无心""圣人无常心"之异。"恒无心"，永远没有私心，没有偏见，以百姓心为心。"无常心"，易变之心。小人奸诈无常心。"易涨易落山溪水，易反易复小人心"。

2."欱欱""歙歙"之异。欱，饮吸，喻指修道得道，高屋建瓴；歙，收拢翅膀，吸气缩身，萎靡不振，有损老子胸襟。

3.帛书本章无"吾"字，老子颂扬圣人之德，用第一人称行文，与文理不相融，与老子善下观点不相符。开篇就是圣人，以一贯之。

【新编】圣人恒无心。以百姓心为心。善者善之，不善者亦善之，德善。信者信之，不信者亦信之，德信。圣人在天下欱欱，为天下浑心①。百姓皆注其耳目②，圣人皆孩之③。

【注释】① 浑心：让天下人心归于浑朴。

② 百姓皆注其耳目：其，指为天下浑心的人；耳目，有人认为指为统治集团服务的走狗，有人认为百姓只专注自己的感官。根据经

文解：百姓关注着执政者的一主一动。

③圣人皆孩之：有道德修为的人恒无心，童心未泯，淳朴得像孩子。

【意译】有道德修为的人，既无私心，也无偏见，善于采纳众人意见。行为善良的人，善待他，让他们继续保持善行；对行事缺乏善意的人，也要包容他，帮助他纠正不良行为，引导他回到善良轨道上来，德性就会进一步提升，达到至善境界。言而有信的人，信任他；言而无信的人，也能包容他，帮助他诚信待人，德性就会得到升华，向德信境界发展。有道德修为的人，吸纳天地道德真如，教化民众，让他们心灵得到净化，返璞归真。民众关注着执政者的一举一动。有道德修为的人，不欺暗室，富有童心，百姓监督与否都一样。

【品析】本章老子颂扬圣人有玄德。圣人秉持道的理念治天下，恒无心，以百姓心为心，善于矫正百姓行为，为天下浑心，自己淳朴如婴儿。

天无私覆，地无私载，圣人无私心。"圣人恒无心，以百姓心为心"，这是民主的政治先声。"构建命运共同体"的倡导，与老子以天下人心为心的思想一脉相承。

以善良应对不善，以诚信应对失信，慈悲为怀，铁石心肠也能感化。大地既长灵芝，也长断肠草，既生玫瑰，也生荆棘；圣人关爱民众，包容对手，拯救恶人，广泛包容。包容他人的人定能被他人所包容。拥有包容心的人，才能做到"不善者亦善之""不信者亦信之"。圣人治理天下，敞开胸怀，将百姓当作自己孩子一样教诲，感化他们，不管他们意向如何，都能从正面去看待、引导，让百姓德行逐渐回归到婴儿般的淳朴状态。

1941年夏，毛泽东先后两次遭到延安农民谩骂。毛泽东从民怨骂声中，觉察到政策失误，深刻反思，经过深入调查研究，多次召开民主人士座谈会，及时采纳了开明绅士李鼎铭等人的建议，精兵简政，切实有效地减轻了农民负担。

到 1942 年底,党中央作出"发展经济,保障供给"决策,号召边区军民,积极开展大生产运动。广大军民用"自己动手"的方法,把过去荒芜之地的南泥湾,开发变成了江南,达到了"丰衣足食"的目的,由此孕育形成了"批评和自我批评、理论联系实际、密切联系群众"的"三大优良作风"。"三大优良作风"成为中国共产党克敌制胜的三大法宝。

第四十五章　尊道摄生　绝处有生

【帛书】50. 出生入死,生之徒十有三;死之徒十有三;而民生生,动皆之死地亦十有三。夫何故也? 以其生生。盖闻善摄生者,陵行不遇兕虎,入军不被兵革。兕无所投其角,虎无所措其爪,兵无所容其刃。夫何故也? 以其无死之地焉。

【王本】50. 出生入死,生之徒十有三。死之徒十有三;人之生,动之死地,亦十有三。夫何故? 以其生生之厚。盖闻善摄生者,陆行不遇兕虎,入军不被甲兵。兕无所投其角,虎无所措其爪,兵无所容其刃。夫何故? 以其无死之地。

【析异】1. "动皆之死地""动之死地"之异。皆字道明俗人处处违背养生之道。

2. "而民生生""人之生"之异。"生生"为动宾结构短语,为求生而乱折腾;"而民生生"是"动之死地"的根本原因,表达到位。

3. "以其生生""以其生生之厚"之异,后缀"之厚",显然没有理解"生生"之意。生生,指求生欲望过于强烈,养生方法离谱脱道。

4. "陵行""陆行"之异。食肉猛兽出没当在山陵,经过猛兽活动领地无险才是有道高人。陆行包括山地和平原,在平原上行走不遇猛兽平常。

5. "兵革""甲兵"之异。"兵革"是名词,即盔甲;"甲兵"为并列词组,甲指盔甲,兵指兵器(见第80章"虽有甲兵,无所陈之")。【新编】用盔甲,盔甲据说黄帝时代就有。

6. 焉字不宜省略,有突出和加强语气作用。

【新编】出生入死。生之徒十有三;死之徒十有三;而民生生,动皆死地亦十有三。夫何故?以其生生。盖闻善摄生者,陵行不遇兕虎①,入军不披盔甲。兕无所投其角,虎无所措其爪,兵无所容其刃。夫何故?以其无死之地焉②。

【注释】① 兕、虎:犀牛和老虎。

② 无死之地:不存在死亡隐患。

【意译】降临人世叫出生,命归黄泉叫死亡。从出生到死亡是人生必然经历的过程。寿终正寝的人约占三成;意外死亡的人约占三成;为养生折腾而死的人也约占三成。为什么会这样?因为他们追求长寿欲望太强烈,养生不得要领。据说真正懂得养生的人,行于深山不会遇到猛兽,进入兵营不穿铠甲也无碍。犀牛找不到投角处,老虎找不到下爪处,敌兵找不到刺刃处。怎么会这样?对他们而言,根本不存在死亡隐患,他们善加防范。

【品析】本章讲养生之道,奏无为心曲,歌颂有道之人无为治乱。因为他们掌握了大道精妙,无论遇到什么困难和险情都能化解,他们能够做到未雨绸缪。养生,关键在于消除隐患。老子倡导"善摄生"。行文采用自问自答方式:"夫何故?以其生生""夫何故,以其无死之地焉"。生逢兵荒马乱、虎狼当道的乱世,避开陷阱,免遭不测,是老子授予世人的养生观。

生逢乱世,突发事件太多,性命朝不保夕。天灾无法避免,人祸可以避免,消除隐患是根本。老子认为,生逢乱世,环境险恶,危机四伏,时刻威胁人们的生命。人们求生心切,贪恋太重,盲目行事,事与愿违,本该长寿,却过早结束了生命。老子用兕虎、兵革为喻,说明善于保护生命的人,即使面临绝境也无险,原因是他们防患于未然,入险境无险情,行死地而安泰。他们知道虎狼出入有领地,出没有时间,进入领地,错开时辰,免遭虎狼伤害;用兵善于谋略,兵从天降,对手来不及反抗就已毙命。你想虎口拔牙,虎能不伤你吗?

老子讲善摄生。善于把命运掌握在自己手中,"养颐之福,可得永年",妙不可言。春秋越国范蠡、三国时期徐庶都是善摄生的典范。范蠡协助越王勾践灭了吴国,功劳不谓不大,他却功成身退。劝告好友文种:勾践有长颈鸟喙之相,能够共患难,不能共安乐,要文种远离庙堂,文种贪恋荣华不肯离去,结果死于自裁。范蠡携西施,泛舟五湖,经商有道,富甲天下,仗义疏财,几千年来给他烧高香者不绝。赤壁大战前夕,徐庶看清了战局走势,料定曹操大军有覆巢危险,找个理由,回到魏国大后方,结果曹军果然惨败,逃过一劫。

犀牛、虎狼、兵刃是看得见的危险,那些看不见的危险,是软刀子,毙人命于无形。如贪婪、欲望、勇于敢……多少人误入歧途却浑然不知,还以为他的行为有百利而无一害。

老子一贯反对奢侈养生,倡导清静无为、恪守道义。做到少私寡欲,见素抱朴,顺应自然,起居有时,动静有度。现代有些人过度养生,滋补过头,营养过剩,多生富贵病。运动过度,强行锻炼,过度消耗元气,求生之厚早亡的人不在少数。治国也然,善于用道,一切错综复杂问题,都会迎刃而解。

老子善于养生。在云雾缭绕终南楼观,观赏云霞,漫步花丛,听鸟细语,山泉欢歌,松涛呼号。终南山一草一木,一雾一霞,一鸟一兽,无不令他陶醉。老子融入了终南山,深爱终南山。在那里,致虚极,守静笃,吸天地真气,物我两忘。

雨后的终南山,云海奔潮,云雾缭绕,雾岚漫卷,缥缥缈缈,袅袅娜娜,朝霞入竹林,清泉石上流,日复一日,年复一年。老子的心归复天地之心,享年一百多岁。

老子遁世,召唤着一代又一代逐梦人,来到终南山,结庐隐居,问道寻仙,追求长生。领悟老子养生精髓的人,来到终南山,过着简单快乐的生活。误入歧途的道人名士、骚人墨客、帝王将相,踏上了炼丹不归路。他们迷恋虚幻之境,炼丹服丹而中毒,岂能不短命。

　　炼丹与无为思想相冲突。"去甚、去奢、去泰""见素抱朴,少私寡欲""复归于婴儿"。老子曰:"致虚极,守静笃",观察探索万物运行规律;他善于沉思,无事不肯轻易迈步的哲人;写出"其出弥远,其知弥少"真言的人,会干炼丹这类活吗?为佐证老子炼丹,后世道家虚构了太上老君(老子化身),供奉老子为炼丹鼻祖,完全背离了老子无为哲学思想体系。老子潜心修道,是不炼丹的。若说老子炼丹也行,他炼的是内丹。丹方秘籍就写在《道德经》中。

第四十六章　以静制动　天下归正

【帛书】45．大成若缺，其用不弊。大盈如盅，其用不穷。大直如诎，大巧如拙，大赢如炳。躁胜寒，静胜热。清静可以为天下正。

【王本】45．大成若缺，其用不弊。大盈若冲，其用不穷。大直若屈，大巧若拙，大辩若讷。躁胜寒，静胜热。清静为天下正。

【析异】1．"盅""冲"之异。盅，容器；冲，运动态势或事物之象。第四章讲道，其盈为无尽状态，本章言器，其盈为满。道对应冲，器对应盅，恰当。

2．"大直若诎""大直若屈"之异。诎言是形符，出是意符，含缩短和言语迟钝之意，直、诎匹配性不佳。

3．"大赢如朒""大赢如绌""大辩若讷"之异。帛甲是"大赢如炳"，帛乙仅存绌字，考古专家依甲本补为"大赢如绌"。高明先生弃炳、绌用朒。朒通朏，肥胖意，赢、朒不是反性词，词性不匹配。帛乙弃"炳"用"绌"有合理性。绌，指衣服破损，棉线外露，引申为亏损；赢为增益，赢绌，含有余和不足之意。《荀子·非相》有言："与时迁徙，与世偃仰，缓急赢绌。"将"赢绌"扩展为"大赢若绌"。也许帛乙用的就是嬴字，嬴与赢古时通用。"大辩若讷"不合经义。老子说"稀言自然"，不会把"大辩若讷"写入经文。

【新编】大成若缺①，其用不弊。大盈若盅，其用不穷。大直若屈②，大巧若拙③，大赢若绌。躁胜寒，静胜热④。清静为天下正⑤。

【注释】① 成、缺:指事情完成的程度,有圆满、破绽之别。

② 直、屈:刚直与屈服,处理事物的两种方式,存在本质差别。

③ 拙:出手,缩回,粗笨,不灵巧。背离初衷,反反复复。

④ 躁胜寒,静胜热:寒、热是自然现象,静、躁是人心态。冷静能够抑制急躁。

⑤ 正:可理解为事物按规律运行。老子看重正,成为中华文化重要基因。浩然正气,邪不胜正。

【意译】尊道贵德的高人,外貌若愚,弼佐君王,如烹小鲜。得道高人,内心充实,智慧超群,能力无限。满腹经纶,深藏不露。能力超强,憨憨敦敦,一般人感觉他笨拙。经营高手,赢在人脉,外行人看他尽做亏本买卖。同一种客观现象,在不同人眼里,心相有别,输出的信息大相径庭。心急吃不得热豆腐,心静自然凉。无为守道,天下和顺。

【品析】本章老子运用大手笔,从自然比兴,塑造了得道者大智若愚的憨厚质朴形象,讲守成之益。从人格角度,论述内容和形式、本质与现象的辩证关系。对待客观事物,仁者见仁,智者见智,阅历不同,认识不同,行为方式不同。既有量的差别,更有质的不同。

大成、大盈、大直、大巧、大赢是人格的内在形态;若缺、若冲、若屈、若掘、若绌是人格的外在表现。老子认为,虚静与劳顿都必须围绕稳定态周旋,趋向平衡是一切系统变化趋势,也是为人处事、安邦定国应该持有的常态。

何谓大成若缺?天地盈虚,其用不穷。鹰立似睡,虎行似病。真人不露相,君子善藏锋,才子不炫酷。林冲原是东京 80 万禁军教头,受人陷害,发配沧州。一路跋山涉水,受尽解差虐待,蓬头垢面,面黄肌瘦,精神颓废。柴进府中洪教头见状,想通过比武制服林冲,为自己扬名。林冲尊重对手,礼貌性示弱,洪教头以为林冲武功不过如此,便步步紧逼,招招见杀。林冲卖个破绽,洪教头不识招,攻势更加凌厉,急进一步,林冲顺手牵羊,把洪教头撂倒,摔个嘴啃泥。真正饱学之士，阅历丰富，知识渊博，见识超群，处世沉稳，从不卖弄。反而是那些口耳之学者，不甘寂寞，好自我表现。大千世界，金无足赤，人无完人，事无完功。人有缺陷很正常，不必遮遮掩掩，无需文过饰非。

何谓大直若屈？"直如弦，死道边"，得罪人多，处处碰壁；"曲如钩，反封侯"，不一定是软弱、下贱，而是避其锋芒，容忍退让。没有拦路虎，仕途顺风顺水。内刚外柔，善屈求全，藏锋敛智，既能勇于担当，又能忍辱负重。

何为大巧若拙？古代有种饮器叫侑卮，空则斜，适则正，满则覆，拙中藏巧。外貌若愚的奇人，往往满腹经纶。真人不露相，财神不显富。浅薄之人，目中无人。城里人说乡下人无知，乡下人说城里人轻浮；高学历人说低学历人浅薄，低学历人说高学历人呆板；读书人说商人满身铜臭味，商人说有钱不赚是傻蛋，男人说女人头发长见识短；女人说男人轻浮不稳重。

何谓大盈若盅？海纳百川不见满。谦谦君子，虚怀若谷，度量如海，知天道，识天机，举重若轻。南宋高僧济公，貌似疯癫，不受戒律拘束，嗜好酒肉，举止如痴似癫，却是一位学问渊博、行善积德的高僧。救死扶伤，扶危济困，除暴安良，行事风格独特，令人敬仰。

何谓大赢若绌？战国时期，冯谖替孟尝君到薛地讨债，他只向有偿还能力大户收租金，没向佃户百姓要债，并把无力偿还的特困佃户的债契付之一炬，薛地百姓以为是孟尝君的恩德，万分感激。孟尝君听了冯谖汇报，心里有些不快。后来，孟尝君被齐王解除相国职位，前往薛地定居，薛地人们沿途跪拜，孟尝君方知冯谖深谋远虑，为他赢得了人脉。

"缺、冲、屈、拙、绌"是得道之人特有的外在表现。看似"缺、盅、屈、拙、绌"的人，实则是大成、大盈、大直、大巧、大赢之人，是深藏不露的人，是最清醒的人，是谦虚谨慎、脚踏实地、不走捷径、不用巧智、不出风头、不争天下先的世中高人。

尊道贵德　万物和鸣

第 9 单元，围绕道与德的辩证关系展开论述，讲修道积德，和光同尘，追求玄同。

第四十七章　尊道贵德　物阜民丰

【帛书】51. 道生之，德畜之，物形之而器成之。是以万物莫不尊道而贵德。道之尊也，德之贵也，夫莫之爵也，而恒自然也。道，生之畜之、长之育之、亭之毒之、养之覆之。生而弗有，为而弗恃，长而弗宰，是谓玄德。

【王本】51. 道生之，德畜之，物形之，势成之。是以万物莫不尊道而贵德。道之尊，德之贵，夫莫之命而常自然。故道生之，德畜之。长之育之、亭之毒之、养之覆之。生而不有，为而不恃，长而不宰，是谓玄德。

【析异】1. "器""势"之异。凡实物有形，未必有势，有势无势都能成器。说育人成器可以，说育人成势不妥。器对应个体，有形有象，势适用集合体，形隐象晦，如形势、气势、态势。老子时代未必有"势"字。网上搜索，"势"只有隶书，秦篆也未见势字。

2. 帛书无"德"字修饰第二个畜字，经义该当如此。论述道，不宜有"为而不恃"句，论述德，不能有"生而不有"句。道、德有别，道无为生万物，德有以为不能生。王本将道与德概而论之，逻辑混乱。

3. "亭之毒之""成之熟之"之异。道对万物，不限于生，帮助万物成长、成熟、繁衍，一条龙呵护。亭，南怀瑾说"亭亭玉立"，傅奕说"凝结也"，谢灵运说"定也"；毒，南怀瑾说"治也"，谢灵运说"安也"，楼宇烈说"成其质"，莫衷一是。此亭与"蓬生麻中，不扶自直"相通。

以成代亭、以熟代毒较妥。

4. 道恒无为,说道"为而不恃"不合经义,可删除。

【新编】道生之,德畜①之,物形之,器成之。是以万物莫不尊道而贵德。道之尊,德之贵,夫莫之命而恒自然。道,生之畜之、长之育之、成之熟之、养之覆之②。生而不有,长而不宰,是谓玄德。

【注释】① 畜:甲骨文🔸,由绳索🔸、场地🔸和艸组成,本义是饲养,这里指滋养。

② 养之覆之:依养保护,生生不息。

【意译】道化生万物,德滋养万物,万物竞相,异彩纷呈,各呈器形。所以万物以道为尊,以德为贵。道之所以被尊崇,德之所以被重视,就在于道和德平等对待万物,不加干涉,任其荣枯。道赋予万物以生机,如阳光雨露滋养万物,让它们自由生长、发育、成熟、繁衍。赋予万物以生机,却不占为己有;滋养万物,却不自恃有功,任由万物自由成长,不予干涉。这是多么大的德性啊!

【品析】本章老子详尽论述道与德的主导性和从属性关系。前文谈道论德,后文专论道。暗示当权者,要有慈爱心,怀柔天下,化育民众,用无为理念治国理政。

道赋予万物生长的道理,德提供滋养万物必要条件,使万物成长、发育、成熟、繁衍、生生不息。道养育而不占有,施舍而不居功,抚养而不主宰,厚德恩深,无以复加。德是道的载体,道与德对于万物,犹如太阳和阳光。道是体,如太阳,德为用,如阳光(阳光是太阳向宇宙辐射的光能)。太阳的不竭能量,通过阳光辐射,泽被万物。道对于万物,从养育、生长、成熟再到繁衍生息,呵护到底,道作用于人类社会体现在德性内涵上。"道生之",说明万物生长离不开自然规律;"德畜之",德将自然规律运用于万物的生长;"物形之",各种物质在大道哺乳下,各呈本相,竞展风采;"器成之",各自成材,浑然万象。

道的高贵就在于为万物提供生长道理或法则,让万物自生自长,不发号施令,不加干预,其影响力无时不在、无处不在。物竞天成,

"夫莫之命而恒自然"。所以老子一再强调"无为之有益",强调"无为而无以为"。

人是万物之灵,往往好自作聪明,自我膨胀,妄为太多,搅乱了套,背离了道,丢失了德,回不了家。人心不古,世风日下,阔步进入末法时代。

人的行为目的性过于强烈,但要合乎道,私欲膨胀,利欲熏心,就会伤风败俗。施恩不图报,才是玄德;真诚付出,才能感动人心。

1971 年伦敦国际园林建筑艺术研讨会上,迪士尼乐园的路径设计被评为世界最佳设计。其设计思路诠释了老子无为思想的玄妙。

迪士尼乐园经过多年建设,马上就要对外开放了。然而世界著名建筑大师格罗培斯对如何连接各景点的道路,仍然没有好的方案。方案一改再改,就是不满意。绞尽脑汁,无计可施。他不得不暂时放下,驱车去海滨兜风,放松一下绷紧的神经。汽车在高速公路上疾驰,很快进入法国南部葡萄产区,葡萄园一个挨着一个,漫山遍野,一望无际。从车窗望去,路边不时闪过兜售刚摘下来新鲜葡萄的果农,然而过往行人却很少驻足购买。

车子不断前行,驶进一个山谷,他发现前方停着许多汽车,示意司机停车。原来,路旁有一个无人看管的葡萄园,只要行人在路边的箱子里投进 5 法郎,就可以自己摘一篮子葡萄。这个办法是无力在路边兜售葡萄的老太太想出来的。自从该办法实行后,她便成了方圆百里葡萄卖得最快的人。格罗培斯灵光一闪,立即叫司机调转车头回巴黎。

回到办公室,他立即给施工部发了份电报,让施工人员在荒地上撒播草种。没多久,整个乐园绿草如茵。在迪士尼乐园试营半年中,草地上被踩出了一条条宽窄有别而又自然优雅的小道。格罗培斯就让施工人员在这些游客踩出来的小道上铺设了人行道。"有生于无"的道妙诗意般地显现出来。从"未形""无名"到"有形""有名",一任自然。

第四十八章　用道元光　点亮心灯

【帛书】52. 天下有始,以为天下母。既得其母,以知其子。既知其子,复守其母,没身不殆。塞其垸,闭其门,终身不勤。启其垸,济其事,终身不救。见小曰明,守柔曰强。用其光,复归其明,毋遗身殃,是谓袭常。

【王本】52. 天下有始,以为天下母。既得其母,以知其子。既知其子,复守其母,没身不殆。塞其兑,闭其门,终身不勤。开其兑,济其事,终身不救。见小曰明,守柔曰强。用其光,复归其明,无遗身殃,是谓习常。

【析异】"袭常""习常"之异。袭,传承;常,通裳,遮蔽。袭常,传承道理,韬光匿明;习,"学而时习之",巩固所学的知识。"袭常"优于"习常"。

【新编】天下有始,以为天下母。既得其母,以知其子。既知其子,复守其母,没身不殆。塞其兑①,闭其门②,终身不勤。开其兑,济其事,终身不救。见小曰明③,守柔曰强。用其光,复归其明,无遗身殃④。是谓袭常。

【注释】① 塞其兑:兑,可指眼睛(非礼勿视),实指心窗。

② 闭其门:此门可指嘴。祸从口出,病从口入。紧闭嘴巴慢开口,避祸无患。从经义角度讲,其门指心门,万象纷呈,其心禅定。

③ 见小曰明:见微知著。老子常用明说理,"知常曰明""是谓袭

明""是谓微明"等。

④ 无遗身殃:倒装句。身无祸患,或祸患不沾身。

【意译】自然万物有个总根源(道)。知道了万物的总根源,也就找到了认识万物的路径,有了认识万物的路径,由此回溯它的本源,人的一生就能避开危险。堵住六欲贪念通道,关闭七情心门,终生不要轻易开启。否则,一旦打开了嗜欲大门,贪婪邪念就会纷至沓来,那就无药可救了。能够从细微处洞察事理的人是大智者,能够守住柔弱的人内心一定强大。善于利用道的智慧之光返照内心的人,明理通达,不会有祸患。这叫明白事理,顺理办事。

【品析】顺上章谈道论德文理,以母子为喻,阐述行道的重要性。文分三段,主题讲亲道、修道、用道,一生无恙。老子认为,自然万物的生长和发展有它的根本。认识事物离不开这个根本,不能一味外求,否则将会迷失自我。摒弃杂念,清除妄见,准确把握事物本质和运动规律,就会少犯错误。用大道之光,点亮心灯,即使身陷迷雾中,也不会迷失方向。

"天下有始,以为天下母。"自然万物不是固有的,有源头,源头是道。老子把总根本与万物关系,比喻为母子关系。母子关系,就是道与万物的关系,也是理论与实践的关系。"既得其母,以知其子;既知其子,复守其母"。老子提醒人们要将理论与实践相结合,将主观与客观相结合,去认识具体事物,解决好人生和社会的大问题。

"开其兑,济其事,终身不救。"信息渠道全力敞开,犹如打开的潘多拉魔盒,在自己精心编织的茧牢中苦苦挣扎,在挣扎中继续作茧。外求无止境,欲海谁能填? 知止不殆!

老子认为,只要重视修道、用道,知道强大,坚守柔弱,笃虚清静,做到慎用智慧、贪欲能克、无为而为,对自己有百利而无一害;否则,在贪婪欲念驱动下,自逞其强,自遗其咎。老子规劝世人,为人处世,收敛锋芒,低调为人,踏实做事,减少垃圾信息("塞其兑,闭其门"),即使身处危险境地,也会有惊无险。庄子深谙此道,独创心斋之法。

借颜回问孔子之口,道己心声。

颜回问孔子"心斋"怎么理解?孔子说:丢光念头,用听觉去听,不是用耳听,而是用心听;更深一层而言,也不是用心听,而是用气听;达到这样境界,神和气合而为一,心也不起作用了。气是虚的,它需要一件东西来支配它,这个东西就是道。道和太虚之气融合在一起。做到心同太虚,就是心斋。心斋,让心斋戒,澄心息虑,致静凝神的修炼方式。

"见小曰明",透过细微征兆,预知事情发展趋势,莫以善小而不为,莫以恶小而为之。一花一世界,一土一如来,滴水能见太阳光辉,见一叶而知秋之将至。由特殊而知一般,由局部而知整体,由此及彼,由表及里。如清朝雍正年间,大将军年羹尧平定青海乱事。有天夜间三更时分,年将军忽然出帐传令,兵分数路火速赶往离营10里地方埋伏。他说"四更时,有贼兵劫寨"。四更时贼兵果然来袭,预先埋伏的将士突然截击,来袭之敌大败。第二天,一位参将问年羹尧何以预先得知敌情,他说:昨夜我在帐中听见雁群飞过,嘹唳有声。我想,夜深天黑,雁已就宿,必定有人惊起它们,才会振翅四飞,雁宿必依水边,该地离营帐有一段距离,是贼人必经之路,雁飞得快,雁在三更过,贼兵必四更到。所以才叫众人埋伏截击。年羹尧将夜间雁群飞空与敌人偷袭之间建立了相关性,及彼联想和推理,克敌制胜。

"用其光,复归其明",此处光与明指什么?紧随其后就是"见小曰明,守柔曰强",显而易见是指大道之光。大道光芒就在眼前,视而不见,非目盲而是心盲。修得大道,道驻心田,万相了然于心。用大道之光,照亮前程,前头光明,还用得着担心祸患降临吗?"无遗身殃"!

第四十九章　行于大道　唯迤是畏

【帛书】53.使我介然有知,行于大道,唯迤是畏。大道甚夷,民甚好径。朝甚除,田甚芜,仓甚虚。服文彩,带利剑,厌饮食而资财有余,是谓盗竽。非道也哉!

【王本】53.使我介然有知,行于大道,唯施是畏。大道甚夷,而民好径。朝甚除,田甚芜,仓甚虚。服文彩,带利剑,厌饮食,财货有余,是谓盗夸。非道也哉!

【析异】1.“迤”“施”之异。迤,曲折连绵,喻指邪道;施有歧意,容易误解。南怀瑾先生说:“‘施’是布施,要知道布施很可怕,天地给予我们很多,我们无法偿还……”[5]

2.“盗竽”“盗夸”之异。韩非曰:大夫饰智,国家必伤,私家必富,所以说“资货有余”。国有败类,民将效之,效之则盗生。由此观之,大奸作则盗随,大奸唱则盗和。竽,五声之长,竽先凑,钟瑟皆随,竽唱诸乐皆和。今大奸作俗民唱,俗民唱盗必和,所以说“服文彩,带利剑,厌饮食,而资货有余”之流,是谓“盗竽”。夸,是自夸还是他夸?不妥!

3.“民甚好径”“而民好径”之异。“朝甚除、田甚芜、仓甚虚”不是民众行为造成的。好径,指抛弃道治,用德、仁、义、礼治国的人。“甚”字连用,深刻揭露了当政者的离道行为。民,在古代相当于罪人或奴隶,前秦时期泛指人们。联系上下文,便知其“民”指执政者。所以,【新编】用"人"字。

【新编】使我介然有知①,行于大道,唯迤是畏。大道甚夷,而人好径②。朝甚除③,田甚芜,仓甚虚。服文彩,带利剑,厌饮食,资财有余,是谓盗竿。非道也哉④!

【注释】① 介然有知:介,指拥有或掌握;知,这里指权力。手中掌握大权。

② 径:斜路、小径,引申为歧途、歪门邪道,这里指道外的政教路线。修道无捷径,捷径不见道。从人们习惯行为切入,讲执政者礼治天下的离道行为。

③ 朝甚除:朝,朝政;除,废弛,颓废,不厘朝政。

④ 非道也哉:完全背离了大道。

【意译】假如我执掌了天下权力,我会不遗余力地推行大道,我所担心的是偏离大道,误入歧途。大道平坦宽广,有人舍弃大道,好走歪门邪道。朝政荒废,田地荒芜,国库空虚,他们却穿着奇装异服,招摇过市,佩带镂云宝剑,耀武扬威;吃厌了山珍海味,搜刮天下财物,他们比强盗还强盗!完全背离了大道!

【品析】本章讲治理天下不能离道,而执政者为政不道。本章老子用白描手法,给执政者画像。凭借手中权力,恣意横行,导致良田荒芜,国库空虚,民众流离失所。他们离经叛道,比强盗还强盗,是地道的衣冠禽兽。

老子虽然离开了周室,仍然心忧天下民众疾苦,忧心统治者,凭借手中权力,制造战乱,田园荒芜,狼奔豕突。老子认为理论与实际相脱节,所谓施仁政、以德治国,自我标榜而已。国库空虚,私家奇珍异宝,堆积如山;民众家徒四壁,食不果腹,衣不蔽体,他们却锦衣玉食,珠光宝气,集于一身。所谓人治就是肆意妄为,金玉其外,败絮其中,于国于民有罪。

老子一贯倡导无为治国,现实令他失望。空有经天纬地之才,却无施展空间。细细体会文章开头语气,似有一股怨气憋在胸。"使我介然有知,行于大道,唯迤是畏。"我若握有支配天下权力的话,一定竭力推行大道不偏离,造福天下苍生。

5000 年来,唯一出现过人民当家作主的政治体制,就是中华人民共和国。人民当家作主,领导者把人民群众视为英雄,是创造历史的真正动力。领导者是服务者,是人民的公仆,职责就是全心全意为人民服务。

本章解读中闲人与专家观点相佐有二:

一是对"唯迤是畏"的解读。南怀瑾先生认为"'施'是布施,要知道布施是可怕的。为什么可怕呢? 因为天地生成了万物,布施给我们……"[5]天地布施,阳光普照,养育众生,可怕什么?"谁言寸草心,报得三春晖。"人无法偿还所欠天地之债,天地不要你还,多积德就是报答天地深恩。惧怕之心不必有,感恩之心不可无。

二是对"朝甚除"的解读。诚虚子道士把"除"理解为扫除:"早晨极力清扫(如人体排便),官府扫除得甚清洁,但人民生活不上轨"[6]南怀瑾先生说:"官府扫除得甚为清洁,但人民生活却不上轨道。"[5]老子行文,天马行空,大开大阖,全经论述治国安民,和顺天下,岂会着眼朝堂卫生小事?

一日,禅师从野外采回一棵菊花,栽在禅院里。到了第三年秋天,整个禅院都开满了菊花,宛若菊花花园。花香袭人,山下村庄都能闻到香味。村民们陆续上山欣赏菊花,前来赏花的人都赞不绝口,并纷纷请求禅师能让他们把菊花带回自家院里栽。禅师一一答应。于是,村里人纷纷挖起菊花根,栽在自家院子里。前来要菊花的人络绎不绝,不久,禅院里的菊花被送得尽光。

没了菊花的禅院,显得寂寞冷清,弟子们看着满院的凄凉景象,叹息道:"真可惜,原本应该是香气馨郁,满院芬芳啊。"禅师笑着说:"这样不是更好吗! 三年后将是一村菊香。"

第五十章　以正治国　无事民富

【帛书】57. 以正治国，以奇用兵，以无事取天下。吾何以知其然也哉？夫天下多忌讳，而民弥贫；民多利器而国家滋昏；人多智巧而奇物滋起；法物滋彰而盗贼多有。是以圣人言曰："我无为，而民自化；我好静，而民自正；我无事，而民自富；我无欲，而民自朴。"

【王本】57. 以正治国，以奇用兵，以无事取天下。吾何以知其然哉！以此！天下多忌讳，而民弥贫；民多利器，国家滋昏；人多伎巧，奇物滋起；法令滋彰，盗贼多有。故圣人云："我无为而民自化；我好静而民自正；我无事而民自富；我无欲而民自朴。"

【析异】1. "吾何以知其然也哉""吾何以知其然哉？以此"之异。"以正治国，以奇用兵，以无事取天下"是治国策略，策略预测不了天意，21章"吾何以知众甫之然哉"，后缀"以此"，是从规律推演而来。两章意境迥异，不能生搬硬套。

2.【新编】用"天多期违"替换"天下多忌讳"语。本章郭简是"天多期韋"。王本把韋译成讳，修改成"天下多忌讳"，经义大变。忌讳多，无非影响人的行为，行事谨慎点，不冒犯王贵就是了，不至于导致贫穷。将韋译成违为妥。期违有两层意思：一指苍天运行异常，误了农时，天下歉收，导致贫穷；二指执政者违背民意，兵强天下，求生之厚，生灵涂炭，民不聊生，人民当然贫穷。

3. "智巧""伎巧"之异。智巧，不限于物，涉及民事、局势；伎巧，技巧,限于制造器物。

4."法物""法令"之异。法物,指法器;法令指法律文本。

5.引用圣人话语,有些凌乱。自化、自正、自朴是精神层面,从自化→自正→自朴,由自我教育,自我纠偏,逐渐达到纯朴归真境界,修养逐渐完善。无事是修道后的觉醒。【新编】进行了调整。

【新编】以正①治国,以奇②用兵,以无事取天下。吾何以知其然哉?天多期违,而民弥贫;民多利器,国家滋昏;人多智巧,奇物滋起;法物滋彰,盗贼多有。是以圣人云:"我无为而民自化,我好静而民自正,我无欲而民自朴,我无事而民自富。"

【注释】① 正:行得正,可畅通天下,心纯有德,心正近道。

② 奇:奇巧、诡秘、施诈、奸谋等。

【意译】用无为理念治理国家,用谋略领兵打仗,以顺应自然的方式管理天下。我哪里知道什么天意呀?天行异常,必误农时,年成歉收,物资匮乏;民间利器泛滥,国家容易陷入混乱;人们智巧多,奇异百出;邪门法器见世,盗贼自然猖獗。所以圣人曾说:"我顺势而为,百姓能自我化育;我无机心,百姓自然校正行为;我没有欲望,百姓品性自然淳朴;我淡泊无民生之外工程,税收轻百姓自给有余。"

【品析】本章重点阐明治国有以为的弊端和无为之益,凝炼成八个字:"以正治国,以奇用兵。"治理天下,要光明正大,关爱百姓;两军对峙,采取非常手段,将其制服,体现了老子的政治哲学观。春秋时期,统治者倚仗权势,为所欲为,天下动荡,国家昏乱,盗贼四起,饥民遍野。所以老子提出无为、好静、无欲、无事的治国策略。

春秋社会百病缠身,统治者病急乱投医,治标不治本,犹如水里按葫芦,放手即浮。老子提出的无为治国策略,对统治者约束太大,他们拒不接受。

"以正治国"具有强大的时空穿透力。构建命运共同体这一划时代理念,就是"以正治国"理念的化用。正在中国传统文化中有着独特的意义。中国人崇尚浩然正气,光明正大,身正行远。治国绝不可施诈,民心不可辱! 老子时代,假仁假义甚嚣尘上,社会风尚败坏,污浊不堪,统治者蹂躏百姓,百姓生不如死。老子针对这一现实,呼吁统治者,要"以正治国"。

老子谈的是哲学,不是兵事,却闪耀着兵家思想光辉,对后世兵家影响深远。"以奇用兵",掷地有声,横绝古今,兵圣孙武"兵者诡道也"的名言,诠释了老子话语真意。老子不好战,但主张积极备战,面对侵略者,什么奇招尽管用。

春秋时期安天下,统治者几乎都采取震慑手段,施行严酷刑罚,先秦时期就有:黥、劓、荆、宫、大辟五刑;齐国景公时代被削足的人多,以致假肢奇缺。老子极力反对滥用酷刑,刑罚无法安定人心,无法稳定社会秩序,只会激起民愤,激化社会矛盾。老子主张以正治国,以道化人,以无事取天下。

无事取天下事例古今都有。远有尧、舜、禹、古公亶父;近有延安时期,广大青年、有识之士,冲破重重阻挠,纷纷奔赴延安,很多国际友人,不远万里来到延安;新中国时期,海外学子纷纷回到大陆,报效祖国,奉献青春年华。

细细体会行文语气,方知老子心有纠结。一口气列举了四个层面的社会现象:"天多期违,而民弥贫;民多利器,国家滋昏;人多智巧,奇物滋起;法物滋彰,盗贼多有。"人生经历、历史经验、社会现实聚焦一起,笔力千钧!

政出无时,强征农夫,贻误农时,田荒芜,仓甚虚,饿殍遍野,令老子心寒。正确渠道堵塞,天下失道失德,能不生乱? 乱了咋办? 武力镇压! 哪里有压迫,哪里就有反抗,镇压越凶狠,反抗越强烈。得了吧! 应该从自身找原因,屋漏止之在上,从自身做起! 老子假圣人之口,道己心曲:"我无为而民自化;我好静而民自正;我无欲而民自朴,我无事而民自富。"

"民多利器,国家滋昏",美国现状诠释了老子真言。2019 年美国共发生 415 起大规模枪击事件,平均每天超过一起,39052 人死于枪击暴力事件。2020 年,共出售枪支 2280 万支,销售额比 2019 年增长 60％,美国枪杀事件较之 2019 年增加了 47％。年年创历史新高,生命朝不保夕,民主何在,人权何在?

第五十一章　福倚祸伏　正复奇生

【帛书】58. 其政闷闷,其民惇惇;其政察察,其民狭狭。祸福之所倚,福祸之所伏。孰知其极? 其无正也。正复为奇,善复为妖。人之迷也,其日固久矣。是以方而不割,廉而不刺,直而不肆,光而不燿。

【王本】58. 其政闷闷,其民淳淳;其政察察,其民缺缺。祸兮福之所倚,福兮祸之所伏。孰知其极? 其无正也。正复为奇,善复为妖。人之迷,其日固久。是以圣人,方而不割,廉而不刿,直而不肆,光而不耀。

【析异】1. "狭狭""缺缺"之异。狭狭,狡黠、抱怨。暴政统治,民众苦闷,怨声载道,"缺缺"表达不了。

2. "是以""是以圣人"之异。经义指向世人,包括士和为官者。加"圣人",经义就窄了。从行文技法上讲,舍弃"圣人",谓之从前省略。

3. "廉而不刺""廉而不刿""廉而不害"[2]之异。草木刺人,关西曰刿,关东曰刺,用害概括适宜。廉,廉洁,刿,划破,廉与刿、刺搭配不当。

【新编】其政闷闷①,其民惇惇;其政察察②,其民狭狭。祸兮福之所倚,福兮祸之所伏。孰知其极③? 其无正也④。正复为奇,善复为妖⑤。人之迷,其日固久。是以方而不割,廉而不害,直而不肆,光而不耀。

【注释】① 闷闷：指宽厚、行事不着痕迹。

② 察察：清晰明了，指政令严酷、苛刻。

③ 孰知其极：谁知道祸福更替何时终结？谁知道祸福更替关键点在哪？

④ 其无正也：正，确定性；其，福祸变化。福祸有不确定性。

⑤ 正复为奇，善复为妖：正道变邪道，善良变邪恶，世事无常。

【意译】政治宽厚清明，人们淳朴诚实；政治严明苛细，人们狡黠怪异。祸患潜伏在幸福里，幸福渗透在灾祸中。谁知福与祸转化的关节点在哪里？祸福具有不确定性。正常事情忽然间变为反常，善良人转身变成邪恶之人。人们对此类事件的迷惑由来已久。所以，有修养的人，胸怀宽广而不伤害他人，正直而不嫉妒别人，直率而不放肆，处事光明正大，不会暗箭伤人。

【品析】本章老子论述人生、社会、政治之间的辩证关系，核心是尊道顺应。无为施政，民风淳朴；有为施政，民众困顿。重点论述两个方面内容：

一是政治上的宽宏与严酷问题。老子崇尚清静无为宽宏政风，反对粗暴政风。老子数举高士"不割、不害、不肆、不耀"的优良品质，建议施政者不要让民众产生畏惧感，表现了他对幸福宁静生活的向往，和积极拯救乱世的主观愿望，成为道家文化的政治理念。

二是生活中的祸福问题。老子提出了"祸兮福之所倚，福兮祸之所伏"的辩证思想。老子认为祸与福不以人的意志为转移，祸与福对立统一，相互转化。一种行为是祸是福，有不确定性。塞翁失马，祸福瞬间转化。祸患来临之时，不要悲观失望、灰心丧气，要相信祸患之后大福将至；福气充盈之时，要警惕大祸的出现，要居安思危，达观处世。天上不会掉馅饼，唯有修道积德，才能逢凶化吉。

文章主题仍是无为而治思想，闷闷其政和"善行无辙迹"相通。为政要慎而又慎，不可鲁莽行事。眼光放远，心境放高，胸怀放宽，防患于未然,治世于未乱。善于化险为夷,调解民事纠纷,春风化雨,润物无声。万万不可简单粗暴。

水至清无鱼,人至察无朋。为人宜"闷闷",不可精明过头。周瑜自视才高,与孔明短暂共事后,慨然长叹:既生瑜,何生亮?孙刘联合抗曹期间,孔明机智办成了草船借箭、借东风、和亲几件大事,把才高气盛、鼠肚鸡肠的周瑜气成病,不久含恨离世。周瑜才高无度量,察察英年过早亡。闷闷鲁肃致中正,辅王图霸寿庚长。

"人之迷,其日固久。"从古到今,人们都在迷失自我中度过,弄不清南北西东。执着于是非,执着于善恶,执着于祸福,执着于亲疏。他人犯法被抓,说是罪有应得;自家人或亲戚被抓,说是司法不公。一个固字把古今人变态心理写活了。

第五十二章　道莅天下　其鬼不神

【帛书】60. 治大国若烹小鲜。以道莅天下，其鬼不神。非其鬼不神也，其神不伤人也。非其神不伤人也，圣人亦弗伤人也。夫两不相伤，故德交归焉。

【王本】60. 治大国，若烹小鲜。以道莅天下，其鬼不神，非其鬼不神，其神不伤人。非其神不伤人，圣人亦不伤人。夫两不相伤，故德交归焉。

【析异】1. 各种版本文中之神，几乎都是陈述鬼的神态。老子惜墨如金，岂会费用重墨写鬼的神气盛衰。【新编】作了适度调整，将神气和神灵区分，拓展了"神"的外延。

2.【新编】用"各不相伤"，替换"两不相伤"。

【新编】治大国若烹小鲜①。以道莅天下，其鬼不神②，非其鬼不神，其神无伤于人。神亦不伤人，圣人亦不伤人。夫各不相伤，故德交归③焉。

【注释】① 烹小鲜：烹，用文火适时洒水做菜肴的烹饪术；鲜指鱼，烹小鱼要特别细心，要有耐心，少翻动，不然小鱼破损无样。治大国，不扰民，不侵民，事无事，为无为。

② 鬼、神：虚无灵异类。神在老子眼里多般不是正面形象，这一思想，渗透在中华文化中，如装神弄鬼、牛鬼蛇神、凶神恶煞、鬼使神差等成语。神也好捉弄人。老子崇道不崇神。"道大、天大、地大、人

亦大,域中有四大,而人居其一焉。"无神的地位。全经中神,可指精神、灵异类、法器等,结合具体语境加以体会。

③ 交归:归,古代指女子出嫁,如"雷泽归妹",说商代帝乙王嫁妹。女子出嫁是天作之合,文中用交归比喻多种复杂关系交错形成一种良好氛围。

【意译】治理国家与烹饪小鱼道理相通,都得小心翼翼,不要乱折腾。如果天下一切事物都各行其道,那么就连鬼神也无法兴风作浪了。不是鬼神心善了,不想兴风作浪,而是鬼神那点小伎俩起不了作用。鬼神伤害不了百姓,有道德修为的人不会伤害百姓。各界互不相伤,德性修为逐渐与道的理念契合,相得益彰,大吉大利。

【品析】"治大国若烹小鲜",至理名言,成为治国金科玉律。老子将"治大国"与"烹小鲜"风马牛不及的两件事并举,说明万事万物尽管千差万别,差异中却有共性。坚持用无为理念治理天下,鬼、神都失去了淫威。不是鬼、神不神气了,而是人们在大道熏陶下,内心日益强大,人人阳刚,鬼、神无可奈何。俗话说"人神鬼怕人,人衰鬼弄人""魔高一尺,道高一丈",人比鬼、神更高明,更强大,人有大道护体,鬼、神想伤害人也无计可施。

老子并没有就此搁笔,而是把道的妙用推向更高境界。用道治理天下,各界和谐,阴阳不相害,圣人与民众互敬互爱,万物齐一,人与道同体。老子给人类描绘了一幅伊甸园图景:人人平等,万物齐一,人神共舞,无处不祥和。流水潺潺,鸟语花香,和风习习,暖阳和煦……

老子幽默,治大国没啥诀窍,与烹小鲜道理相通。老子从伊尹治国中得到灵感,将其提升到哲学高度,阐述他的无为治国理念。据说伊尹被生母丢在伊水边,被一对奴隶父母收养。养父是个厨师,居住在伊水边,所以给他取姓伊。伊尹从养父那里学得绝世厨艺,并从烹调中领悟到治国方法。据传他以陪嫁奴隶身份被商汤聘请后,常常给商汤烹饪美食。

有一次,伊尹背着鼎和砧板为商汤烹饪,他从做菜切入,纵论天下大事。从厨艺菜肴用料、火候、五味调和说起,逐渐从烹饪转到治国理政之道上,说得头头是道,天衣无缝,商汤听得入迷。伊尹开悟商汤,隔行不隔理,治国与烹饪道理相通。伊尹此番宏论,被哲学家老子所传承,提炼成"治大国若烹小鲜"的光辉论断,成为光耀千秋的金句子,启发了多少古今有为君王。

从延安时期到新中国建立七十多年来,干群鱼水情深,心心相印。我小时候亲眼所见情景,犹在眼前。

20 世纪 60 年代初,干部下放劳动。我们村来了位姓金的县武装部长。生产队耕牛不足,常用人力代耕,金部长也经常干拉犁耕田的活。他的衫袖、裤腿卷得老高,麻绳深深嵌入肌肤,两只手紧紧扣着绳子,躬身前行。离开时一幕记忆犹新。那天他与房东李善长,两人扭在一起,好多张彩色纸片,在他们两手中来来去去。长大后明白了个中道理。那时干部住农家,离开时必须付清费用。

那年代,道不拾遗,夜不闭户。有人归因于那年代穷,家中没有值钱东西。相对现在是穷了些,但比起解放前,就富裕多了。常听大人讲,从前兵荒马乱,土匪常进村抢东西,杀人放火,人们只能求菩萨保佑。长辈说我们这一代人真幸福,平平安安,上学念书。

第五十三章　国际交往　大者宜下

【帛书】61. 大国者,下流也,天下之牝也。天下之交也,牝恒以静胜牡。为其静也,故宜为下也。故大国以下小国,则取小国;小国以下大国,则取于大国。故或下以取,或下而取。大国不过欲并畜人,小国不过欲入事人。夫皆得其欲,大者宜为下。

【王本】61. 大国者下流,天下之交,天下之牝。牝常以静胜牡,以静为下。故大国以下小国,则取小国;小国以下大国,则取大国。故或下以取,或下而取。大国不过欲兼畜人,小国不过欲入事人。夫两者各得所欲,大者宜为下。

【析异】"大国者,下流也,天下之牝也""大国者下流,天下之交,天下之牝"之异。老子以水处下、交配雌性处下为喻,说善下合道。两种语境,大同小异。

【新编】大国者,下流①,天下之牝。天下之交②,牝恒以静胜牡,以静为下。故大国以下小国,则取③小国;小国以下大国,则取大国。故或下以取④,或下而取⑤。大国不过欲兼畜人⑥,小国不过欲入事人⑦。夫皆得其欲,大者宜为下。

【注释】① 下流:借用江海处下汇集水源,强调善下策略,比喻采取灵活外交策略。

② 天下之交:老子以雄雌交配为喻,阐述以静善下的道理。

③ 取:取得信任。

④ 以取：以谦下方式取得归顺。

⑤ 而取：以谦下方式获得保护。

⑥ 畜人：网罗小国，壮大国势。

⑦ 入欲事人：入，投靠；事人，归附或依附。依附大国获得保护。

【意译】国家越强大越要善处下位，像天下的水和交配中雌性那样，守静处下。两性交配，雌性胜过雄性，因为雌性守静处下。所以说，大国若能以谦逊处下姿态对待小国，就能取得小国的信任和归顺；小国若能以谦逊态度对待大国，就能取得大国的保护。大国无非是想通过网罗小国，增强凝聚力，小国目的是通过依附大国，获得国家安全。要么以谦下方式获取归顺，要么以谦下的方式获得保护。双方各得其所，强大一方更应该采取谦下策略。

【品析】本章讲正确处理国际关系的政治策略，推崇谦让处下美德，下是本章关键词。家事国事，善下为宜。老子信手拈来海与牝等典型事例，说明道理：水低成海，人低为王，国低成为邦交舞台；阴胜阳，柔胜刚，谦下安泰。大国若想万邦归顺，就要善待小国。国无论大小，一律平等，大国不可以势逼人。恩威并重、胡萝卜加大棒，那是真霸气，假和善，他国表面臣服，内心不服。唯有得人心者得势。善下是无为思想的变式表述。

"或下以取，或下而取"，大国处下，可兼国畜人，小国真心处下，可获得大国保护，各得其所，皆大欢喜。老子希望诸侯国和平共处、和谐共存。

大国小国施诈都无好果。小国施诈，朝秦暮楚，墙头草，随风倒，亡国不远；大国长行欺诈，必然失信天下，势衰必然。当今美国，自恃强大，信口雌黄，颠倒黑白，蛮横霸道，势衰必然，分崩离析之日为期不远。

为人处世也然。"谦：亨，君子有终"。通达顺利，道德高尚的人谦逊，有才能不张扬、不显摆，有成就不自负、不傲慢。谦逊是一种品格，是一种境界，谦逊的人行事顺畅通达。

　　海纳百川,有容乃大;宽以待人,厚德载物。清代康熙年间,张英为当朝丞相,他的故乡老宅与吴姓相邻。吴姓盖房欲占张家隙地,双方争执,告到县衙。县官欲偏袒相府,无奈吴家主人是他顶头上司,左右为难。县官眼珠一转溜,连声说:凭相爷作主! 一语提醒张家人,张家立即派人带着书信,赶往京都。张英阅罢家书,批复道:"千里修书只为墙,让他三尺又何妨。万里长城今犹在,不见当年秦始皇。"家人拿着批文,回家立即拆墙,退让三尺,吴家深为感动,也让出三尺。数百年来,六尺巷静处安庆桐城市文西路相府花园,游人不绝。2020年秋,步入六尺巷,敬仰之情,油然而生。偶吟一首:

　　步入古朴巷,肃然起敬仰。礼让六尺巷,和睦共世长。

　　春秋时期,卫懿公醉心于养鹤。他整天混在鹤群中,将鹤分成几等,按品俸禄,委派专人喂养。每逢郊游,鹤群乘车随行,称它们为鹤将军,弄得宫廷上下怨声四起。

　　公元前660年冬,北方狄人突然大军直扑卫都朝歌,卫懿公准备集合军队迎敌,将士不听调遣,仅身边一些卫士上阵,全军覆没,懿公成了狄人刀下之鬼。

　　狄人活捉了卫国太史华龙滑和礼孔,胁迫他们引领狄军攻打朝歌。华、礼二人用计脱逃,回到朝歌,向留守大臣通报了懿公已死朝歌难保的消息。大臣们连夜组织百姓离开朝歌,向黄河渡口撤退。狄人来到朝歌,见是空城,便顺着卫国百姓逃亡方向猛追。幸亏宋君醒公即时接应,救出了七百余人。为了复兴卫国,他们从共、滕两地迁移一批人到曹邑,建立临时都城。大臣们到齐国迎接公子毁继位。此时齐国正积极倡导"尊王攘夷""兴灭继绝",团结诸侯,建立霸业。齐桓公亲自召见公子毁,并派公子无亏率兵甲护送公子毁回国,随军运去了大量木材、大牲畜和粮草,命令无亏留守曹邑,协防邻国侵略。

　　处于灭亡边缘的卫国,在齐桓公的大力帮扶下,重新得到了恢复和发展。为感谢齐桓公之德,卫人写了首《木瓜》诗,唱彻卫国:

　　投我以木瓜,报之以琼琚。匪报也,永以为好也!

投我以木桃,报之以琼瑶。匪报也,永以为好也!

投我以木李,报之以琼玖。匪报也,永以为好也!

齐桓公鼎力帮助卫国复国,堪称大国以下小国而取小国的典范。

第五十四章　珍啬积德　长久之道

【帛书】59. 治人事天莫若啬。夫唯啬,是谓早服。早服谓之重积德。重积德,则无不克。无不克,则莫知其极。莫知其极,可以有国。有国之母,可以长久。是谓深根固柢,长生久视之道也。

【王本】59. 治人事天,莫若啬。夫唯啬,是谓早服。早服谓之重积德。重积德则无不克。无不克则莫知其极。莫知其极,可以有国。有国之母,可以长久。是谓深根固柢,长生久视之道。

【析异】"深根固柢""深根固蒂"[2]之异。柢,指根尖帽状结构(叫根冠),指植物根的前锋。《韩非子·解老》:"柢固则生长,根深则视久。"比喻基础深厚,不可动摇。蒂,指瓜、果和茎、枝相连处。柢扎地下,蒂悬空中,伯仲分明。老子强调守道固本。

【新编】治人事天①,莫若啬②!夫唯啬,是谓早服③。早服谓之重积德。重积德,则无不克。无不克,则莫知其极。莫知其极,可以有国。有国之母,可以长久。是谓深根固柢,长生久视之道④。

【注释】① 治人事天:周王室公布律令或出征前,都要斩杀奴隶,警示活着的奴隶,即治人;祭天地或祭祖,包括年终祭祀,宰杀大牲畜和奴隶(有肴、岁字为证。岁:戌将步分为两个跬步,戌是戈的一种,止、少为足,奴隶的腿脚,联想市场猪腿、猪脚便知),即事天。殷商时期,商人让周侯提供祭祀牲口(奴隶、马、牛、羊),周人取得天下,杀人祭祀以为天经地义。齐、鲁是姜太公和周公封地,大型祭祀活动宰杀奴隶,春秋时期这种没有人性的陋习仍然盛行。老子一定目睹过大量奴隶在各种治人事天活动中被杀惨景,这种暴殄天物行为,与老子贵生理念相冲突,所以他大声疾呼:治人事天,莫若啬!

② 啬（篆书）:本义把麦子收入粮仓。喻指对别人宽厚,对自己苛刻。

③ 早服:蕴涵五层意思:一是办事要留有余地;二是治人要以理服人;三是养生贵在养精蓄锐;四是治国贵在无为;五是朝闻道,夕可死。

④ 长生久视之道:通过修炼,精神不死,与天地同寿。

【意译】大型庆典,要有节制,不要浪费人力、畜力,不要乱杀无辜。即使奴隶有罪,也不应该滥杀,给他们改过机会。这样做了就是积厚德,这样做了就深得民心。懂得收敛,在事情未发生变化之前,准备好应对措施;凡事预则立,不预则废,不断增强处理复杂事务能力,就没有什么事情不能顺利解决;什么事都能得到圆满解决,就没有人能够预测到你的能力究竟有多强,必然能够担当治理国家的重任。懂得治理国家的根本之道,就能保持国家长治久安。这样做了,国家根基稳固,繁荣昌盛,也是修身养性、健康长寿之道。

【品析】本章老子围绕"啬"字,论述治国养生之道。长生←养生←善啬→积德→安天下→江山永固。把"啬"提升到治国安邦、鼎固千秋的高度,把"啬"与积德、养生、治国、安邦紧密联系在一起。啬是道家重要思想之一,成为中华民族节俭美德的源头。

治国要爱惜民财,重视民生、民意和民情,不奢侈,不浪费;养生要爱惜精气神,不放纵。啬就是要重视积蓄,善于养护,厚藏固本,培植精力,增强元气。民心朴,则天下安定,财富足,则天下太平;国以民为本,以财为基;人以气为根,以精为柢。

啬在现代常与吝组成"吝啬",表示小气;在古代吝与小气对应,啬与节约相对应。古人极其重视节约,认为节约是一种美德。如今生活富裕了,浪费严重。年轻人喜新厌旧成风,物品淘汰率高,更新过快，饭菜随手倒掉。所以政府大力倡导光盘行动，倡导厉行节约，弘扬老子啬的精神，对现代青年人大有裨益。

汉文帝是皇帝中节约的典范。汉文帝执政时，国穷民困。他脚穿草鞋，身着绨衣（布料粗糙，色泽暗淡），上殿临朝。绨衣龙袍，一穿多年，破了让皇后补一补再穿。整个后宫，朴素服饰。汉文帝在位23年，没盖过宫殿，没修过园林，没增添车辆仪仗。在位期间，轻徭薄赋，春耕时节，文帝亲自带领大臣们下地耕种，皇后率宫女采桑、养蚕。

汉文帝临终，要求丧事从简，对归宿“霸陵”，明确要求：皆以瓦器，不得以金银铜锡为饰，不治坟，欲为省，毋烦民。按照山川风貌，建一座简陋坟地。赤眉军攻进长安，汉皇帝陵墓几乎都被挖了，唯独没动汉文帝陵墓，他们知道“霸陵”里面没啥好东西。

毛泽东主席身为大国领袖，生活十分节俭。一件睡衣一穿就是20余年。破了补，补了破，破了再补，补丁叠补丁，收藏时有人数了，打了73个补丁，平均每年增添三个以上补丁。他的一双拖鞋也穿了20多年，几经修补，破得不成样子。一次在湖南视察，下榻长沙一家宾馆。值勤士兵在走廊上见到那双拖鞋，顺手丢进垃圾桶。毛泽东回来，找不到拖鞋，原来是勤务兵丢进了垃圾桶。受到批评的小战士，噘着嘴又给捡了回来。

第 10 单元

以道治国　无事自威

　　第 10 单元，讲用道治理天下，无事取天下。倡导无为、无欲、无事、无我，成就大我。万事万物都受道的支配，圣人善于依道行事，为无为，事无事，味无味。居安思危，未雨绸缪。大小多少，报怨以德。由易而难，终无难事。慎终如初无败事。

第五十五章　道贵无价　须臾不离

【帛书】62. 道者万物之主也。善人之宝也,不善人之所保也。美言可以市,尊行可以加人。人之不善,何弃之有。故立天子、置三卿,虽有拱之璧以先驷马,不若坐而进此道。古之所以贵此者何也? 不谓求以得,有罪以免邪,故为天下贵。

【王本】62. 道者万物之奥。善人之宝,不善人之所保。美言可以市,尊行可以加人。人之不善,何弃之有? 故立天子、置三公,虽有拱璧以先驷马,不如坐进此道。古之所以贵此道者何? 不曰:求以得,有罪以免邪,故为天下贵。

【析异】1. "主""奥"之异。主,主人或主宰,和道是"万物之母"一脉相承,道主宰万物,"孔德之容,唯道是从"。奥,古人把屋的西南隅叫奥,供奉神或祖先之处,对人而言,把道当神供奉合理,对其他物种无意义。

2. "美言可以市,尊行可以加人""美言可以市尊,美行可以加人"[6]之异。老子从现实发声,美言上市,是获利行为;尊行,诚心善为,不计图报。言与行的德性修为虽然不在一层次上,但都无可厚非。【新编】添加"人"字。

【新编】道者万物之主也。善人之宝,不善人之所保。美言可以市人,尊行可以加人。人之不善,何弃之有? 故立天子、置三公①,虽有拱璧②以先驷马③,不如坐进此道。古之贵此道者何? 不曰求以

227

得,有罪以免邪①,故为天下贵。

【注释】① 三公:太师、太傅、太保,是古代朝中三个显赫官职,分别主管军、民、吏,地位仅次于天子,拥有参政、议政权力。三公可直言天子过失,建言矫正天子过失。

② 璧:珍贵玉器,扁平,圆形,中间有孔,侯爵官员无权佩戴,只有三公佩戴。

③ 驷马:高规格礼仪车。天子八骑,诸侯国君驷骑,一般官员双骑或单骑。

④ 不曰求以得,有罪以免邪:道无偏爱,不会因为焚香磕头就能消灾免祸。

【意译】大道精妙,虚隐无名,万物都离不开道。道是修道者的精神财富,是俗人安身立命的保障。良言可以出售给人,善意行为能够积极影响周围人。有的人不能用道的理念处世,就能抛弃他们吗?有了天子还设立三公高位,不是炫耀权力和地位,而是三公担负着向天子献言献策的重任,他们向天子推行道的理念治国比提供什么稀世珍宝都强。自古以来,天下人为什么特别看重道呢?因为道公正无私,才会被天下人重视。

【品析】本章主要论述政治道德哲学,阐述尊道的重要性。道是无价之宝,修道者把道作为理想信念,终生践行,俗人也想拥有道,避灾免祸,一生平安幸福。道不弃物,即使恶人也不抛弃。拥有天子、三公高位、拥有如意之宝,也不如拥有大道。老子希望执政者秉承道的理念,修身治国。

“美言可以市人,尊行可以加人。”美言暖三冬,尊行启人生。

一天,一个只有一只手的乞丐来到寺院,向方丈乞讨,方丈指着门前一堆砖头对乞丐说:“你帮我把这些砖头搬到后院去吧。给你报酬。”乞丐生气地说:“我只有一只手,怎么搬呢?何必捉弄人呢?”

方丈二话没说,用一只手拿起一块砖头说道:“这样的事一只手可以做得到。”

乞丐只好用一只手搬起砖来,他整整搬了两个时辰,才把砖搬完。方丈递给乞丐一些银两,乞丐接过钱,很感激地说:"谢谢您!""不用谢我,这是你自己赚到的钱。"方丈说。

乞丐说:"我不会忘记您的。"说完深深地鞠了一躬。

若干年后,一个着装得体之人来到寺院,这个人气度不凡,美中不足的是他只有一只手。原来他就是当年用一只手搬砖的那个乞丐。自从方丈让他搬砖以后,他便找到了自己的人生价值,靠自己打拼,事业有成。

有人将"善人之宝,不善人之所保"中的善与不善,与好人、坏人相对应。道无分别心,老子会有分别心吗?"人之不善",是指不善于修道的人,低智商的人,为人处世不灵光的人,遇事缺乏应变能力的人,或大法不犯小错不断的人。自古圣人尊道、贵道,就在于道客观公正,无偏无袒,无亲无疏,无人物之别,无贵贱之分,视万物如刍狗。不可能烧高香就能求财得财,求福得福,所犯罪孽就一笔勾销,不烧香就会被抛弃,没有那回事! 一人作孽一人当。大道要向内心求。所以老子曰:"不曰求以得,有罪以免邪,故为天下贵。"

第五十六章　图难于易　为大于细

【帛书】63.为无为,事无事,味无味。大小多少,报怨以德。图难乎其易也,为大乎其细也。天下之难作于易;天下之大作于细。是以圣人终不为大,故能成其大。夫轻诺必寡信,多易必多难。是以圣人犹难之,故终于无难。

【王本】63.为无为,事无事,味无味。大小多少,报怨以德。图难于其易,为大于其细。天下难事,必作于易;天下大事,必作于细。是以圣人终不为大,故能成其大。夫轻诺必寡信,多易必多难。是以圣人犹难之,故终无难矣。

【析异】有的版本删除了"报怨以德"。春秋时期,天下纷纷扰扰,争斗不休,结怨太多太深,老子从根本上化解:"报怨以德",用德化解怨恨,宽以待人。

【新编】为无为,事无事,味无味①。大小多少,报怨以德。图难于其易,为大于其细。天下难事必作于易,天下大事必作于细。是以圣人终不为大,故能成其大。轻诺必寡信,多易必多难。是以圣人犹难之,故终无难矣。

【注释】① 味无味:从无味中品出真味。从平常事件中看出事件本质,把握事态走向。

【意译】为政者顺应规律,无为治国,善于抓住矛盾关键,解决矛盾,和顺天下。世间事无论多复杂,以宽容心态包容天下人,就没有解决不了的。办事不生事,从事态表象中看出隐藏的本质,把握事态走向,以防不测。处理难事要从简易事情做起;天下大事,都是从细微中积累发展而来。因此,有道德修为的人,不贪图做大事,从点滴做起,容易成就大业。对事情缺乏认识草率承诺的人,最终都难以兑现;有些事情看起来容易,做起来困难重重。有道德修为的人遇事,总是把易事当难事对待,反而没有难事。

【品析】本章着重论述处事方法,传授政治哲学,突出无为理念。强调凡事先易后难,以简驭繁,视难为易,视易为难,终无难事。告诫世人,遇事莫轻夸海口,说过头话,常怀艰难之心,则无难事。成就大事者都是从小事做起的。先画鸡蛋,再画天宫;先扫庭院,再扫天下。圣人常怀艰难之心,处无为之事,终无难事。

坚守无为理念,心明眼亮,见微知著,从平静中预知风浪。商朝大臣箕子从纣王向大臣展示一双象牙制成的精美筷子举动中看出纣王将要堕落,担忧商朝大厦将倾。

"大小多少,报怨以德"内涵丰富。无论是天下大事,还是生活琐事,怀以宽容之心,以容人之量化解矛盾。老子还告诉人们,要善于以小治大,以少应多,四两拨千斤,防患于未然,把隐患消除在萌芽状态,施德于先,以绝后患。孔子则不然:"何以报德?以直报怨,以德报德。"以牙还牙,以德报德,恩怨分明,大怨能平息吗?

化大为小,化繁为简,化难为易。愚公移山、曹冲称象、微积分方法,诠释了"图难于其易,为大于其细"的内涵。图难从易,由易蓄势,而后图难。势非力,也非巧,势是能量。高能加速器用轻子撞击核子,蓄势创造了一个又一个的科学奇迹。

小时候听长辈讲过一个故事。一个小伙子到东乡周家拜师学艺。师傅见他心诚,为人忠厚,答应收他为徒。师徒有约:先干三年杂活,再谈武艺。师傅给徒弟的活很简单,每天早晨从河边挑水,把周家大小水缸灌满。去河边路上有条小沟,担满水越过,不得绕道,绕道必重罚。转眼三年已过,徒弟要求师傅传授武艺。师傅说,我的功夫都教给你了,你可以出师了。徒弟说师傅言而无信,周师傅礼貌地说:"请跟我来。你先量一量,挑水路上这条沟有多宽,称一称这担空水桶有多重。"一量沟宽 9 尺有余,一称一担空水桶足足百余斤。周师傅说:"你现在肩担 200 多斤重担,健步越过 9 尺多宽的壕沟,桶里水稳而不溅,不是从我这里学的吗?"原来,周师傅每天起床比徒弟早,把那条小沟用锹铲宽点,不断在桶底夹层中更换材料,从铁块、铜块、锡块、再到铅块。

"大小多少,报怨以德",紧随"为无为,事无事,味无味"之后,显然是说,天下事错综复杂,国与国之间结怨太深,冤冤相报何时了。老子面对国仇家恨,不是报复,不是容忍,而是宽大为怀,握手言欢,一笑泯恩仇。兵戈相向,"其事好还"。

本章最大争议点集中在要不要"报怨以德"一语上。《国学新读大讲堂·道德经全书》编者认为:"此句与上下文不相关,怀疑为第 79 章文字"[7];《品悟老子》作者杨国庆先生认为:"'报怨以德',让很多注家乱了阵脚,任凭你如何绞尽脑汁地解释,始终不能有效地融入本章主旨之中。"[13]将其移到 79 章。境界不同,见解不同。

共产党人,云水襟怀,包容对手,教育对手,不弃恶人,化腐朽为神奇。教育改造日本战犯、教育改造国民党战犯,把恶人教育成为正义事业服务的人,不谓不难,中国共产党人做到了,赢得了国际社会普遍赞誉。许多日军战俘经过教育改造,从昔日的军国主义信徒转变为"为民主和平而奋斗的革命家",被释放回国的 1000 多名日本战犯,绝大多数成了中日友好使者;把俘虏的百余名顽固不化的国民党高级将领和末代皇帝,教育改造成建设新中国公民,亘古未有。把末代皇帝溥仪改造成甘愿为国奉献的公民,只有共产党人才能做到。

第五十七章　为于未有　治于未乱

【帛书】64.其安也,易持也,其未兆也,易谋也,其脆也,易破也,其微也,易散也。为之于未有也,治之于未乱也。合抱之木,生于毫末;九层之台,作于累土;百仞之高,始于足下。为之者败之,执之者失之。是以圣人无为也,故无败也,无执也,故无失也。民之从事也,恒于几成而败之,故慎终如初,则无败事矣。是以圣人,欲不欲,不贵难得之货。学不学,复众人之所过,能辅万物之自然,而弗敢为。

【王本】64.其安易持,其未兆易谋,其脆易泮,其微易散。为之于未有,治之于未乱。合抱之木,生于毫末;九层之台,起于累土;千里之行,始于足下。为之者败之,执之者失之。是以圣人无为也,故无败也,无执也,故无失也。民之从事,常于几成而败之,慎终如初,则无败事。是以圣人欲不欲,不贵难得之货;学不学,复众人之所过,以辅万物之自然,而不敢为。

【析异】1."破""泮"之异。泮,溶解,脆性是陶器共性,易破不易泮。

2."百仞之高""千里之行"之异,两者一纵一横,观念迥异。独立地看,将"千里之行"纳入经文,并无不妥,但与老子哲学思想不相符。经文纵向推进:"合抱之木,起于毫末,九层之台,起于累土,百仞之高,始于足下。"以树木、垒台、登山比兴,讲修道、治国如登高,一步一层天,一步一境界。"千里之行"是儒家思想,老子曰:"其出弥远,其知弥少。"

3. 对"是以圣人欲不欲,不贵难得之货。学不学,复众人之所过,以辅万物之自然,而不敢为""为者败之,执者失之。是以圣人无为故无败,无执故无失"等语,有保留和删除之异。司马哲先生说:"第64章比较混乱,五段文字,每段说一个内容,上下文都不连贯",说上述引文放在本章不合适,《品悟老子》作者将其悉数删除。世本《老子》本章层次确实有些凌乱,【新编】删除了"为者败之,执者失之。是以圣人无为故无败,无执故无失"文字,文脉顺畅,经义简明。

【新编】其安易持,其未兆易谋,其脆易破,其微易散。为之于未有,治之于未乱。合抱之木,生于毫末;九层之台,起于累土;百仞之高,始于足下。民之从事,恒于几成而败之,慎终如初,则无败事。是以圣人,欲不欲①,不贵难得之货;学不学②,复众人之所过③,能辅万物之自然而不敢为。

【注释】① 欲不欲:追求别人所不愿追求的东西。

② 学不学:借鉴别人所不愿借鉴的经验教训。

③ 复众人之所过:不断吸取他人的沉痛教训。

【意译】稳定局面容易掌控,事件未暴露前容易谋划,脆弱的东西容易破碎,细微的物体容易四散。所以,在事情还没有迹象之前,就要准备好预案,以应不测;在国家还没有发生动乱之前,就要有防范措施,防止动荡。参天大树是从种子萌芽生长起来的;九层高台是一筐筐泥土堆积起来的;入云高峰是一步步登上去的。俗人做事三分热度,往往以失败而告终。若能像开始那样谨慎,坚持到底,就不会失败。圣人善于从道中汲取智慧,他们恬淡自律,追求一般人所不肯修持的大道;轻视世人所看重的财富,善于吸取他人的失足教训。万物都有运行规律,协助它们顺应规律,不随意妄为。

【品析】本章和上一章阐述的道理有相似之处,存在交集,凡事无论难易,都应该由小到大,先易后难,所以有的学者,将这两章合为一章。【新编】未合,考虑有二:两章若合,篇幅过大;其次,两章论述的角度不同。五十六章立足于道义伦理层面,高屋建瓴;国家之间积冤太深,不可能采取和稀泥方式化解,"和大怨,必有余怨";"报怨以德",行德要从具体做起。五十七章立足于治国,谈治国理政方略,陈述事物发展变化的辩证性。任何事物都有其变化发展过程,要关注事物演变过程中的各个环节,主动消除隐患。本章顺"为无为,事无事,味无味"经义而发,文分四段,层层推进,环环相扣。首段开宗明义,国事无小事,要慎之又慎;第二段以树木、筑台、登山比兴,启发执政者,治国安邦要脚踏实地;第三段分析世人败事原因,提醒执政者,治国要慎终如初;最后以圣人处事方式,规劝执政者,宁可未雨绸缪,不可临渴掘井。

文字都有局限性,经文深刻内涵,远在文字外。势局安定时,为政者往往疏忽大意,没有未雨绸缪的远虑,大好局面容易逆转,一发不可收拾。治世远比治病复杂。从何做起?"百仞之高,始于足下""天下大事,必作于细;天下难事,必作于易"。治国即治吏,加强官员道德教育,防止官员空司其位。话锋一转,用小事开悟:"民之从事,恒于几成而败之,慎终如初,则无败事。"民众从事况且如此,何况治理天下。老子清楚,执政者已经缺乏先辈们那种慈爱、勤俭、后其身的德性。以民事启发执政者,常怀艰难之心,不可懈怠。有道德修为的人,视钱财如粪土,贵学不贵货,学绝世学;善于从失败中吸取智慧,修正自己,拯救他人,达到天下大治。圣人就是榜样,用心良苦!

历史上大的动乱,都发生在太平盛世。太平盛世,执政者疏于防范。周幽王烽火戏诸侯,西周灭亡,周室王气渐衰,导致东周 500 年大动荡;吴王醉西施,吴国被越国所灭,夫差自杀身亡;西晋八王之乱,断送了西晋天下,造成中原 300 多年混乱,汉族险些灭族;唐明皇居功自傲,沉醉声色,疏于朝政,结果"渔阳鼙鼓动地来,惊破霓裳羽衣曲",千里大逃亡,大唐帝国由盛而衰。

第五十八章　善建不拔　善抱不脱

【帛书】54. 善建者不拔,善抱者不脱。子孙以祭祀不绝。修之身,其德乃真;修之家,其德乃余;修之乡,其德乃长;修之邦,其德乃丰;修之天下,其德乃博。故以身观身,以家观家,以乡观乡,以邦观邦,以天下观天下。吾何以知天下然哉? 以此。

【王本】54. 善建者不拔,善抱者不脱,子孙以祭祀不辍。修之于身,其德乃真;修之于家,其德乃余;修之于乡,其德乃长;修之于邦,其德乃丰;修之于天下,其德乃普。故以身观身,以家观家,以乡观乡,以国观国,以天下观天下。吾何以知天下然哉? 以此。

【析异】1. "绝""辍"之异。祭祀,为间歇性仪式。辍,中断,不辍,连接起来,不绝,不中断。无伯仲之异,尊重古本。

2. 本着经文言简意赅原则,兼顾现代人用语习惯,【新编】将【帛书】"修之 x"和【王本】"修之于 x"句式,调整为"修于 x"。

3. "博""普"之异。博,大且广;普,阳光普照大地。普字稍胜一筹。

【新编】善建者不拔[1],善抱者不脱[2]。子孙以祭祀[3]不绝。修于身,其德乃真;修于家,其德乃余;修于乡,其德乃长;修于邦,其德乃丰;修于天下,其德乃普。故以身观身,以家观家,以乡观乡,以邦[4]观邦,以天下观天下。吾何以知天下然哉? 以此。

【注释】① 建、拔:建,树立信念;拔,改变信念。

②　抱,脱:抱,抓住真谛;脱,偏离。

③　祭祀:向神灵献礼,祈祷赐福。

④　邦:周朝国与邦均指诸侯领地,邦、国同义词,【新编】全用邦,邦比国合韵。

【意译】擅长修道的人,善于建立道德规范不动摇,善于抓住道德真谛不放松。坚持理想信念不动摇,坚持用理想信念指导自己行为的人,知行统一,始终不渝。他们后代通过纪念活动,将这种理念,代代传承。如果用这种理念修身,德性修为就能逐步完善;如果用这种理念持家,德性修为就能慢慢充实;如果用这种理念推行乡里,德性修为就能不断得到增长;如果用这种理念治理国家,德性修为就能不断丰富圆满;如果用这种理念治理天下,德性修为就能得到普及。所以说,根据这一规律,可以通过自己德性修为推及他人,通过自己家庭情况推及其他家庭,通过自己乡村现状推及其他乡村,通过自己国家的治理情形推及其他国家,通过现在的天下推及将来的天下。我是怎么知道将来天下状况的呢?就是通过以上由此及彼推演的。

【品析】本章论述修道积德的原则和方法。做好自己,垂范他人,由近及远,坚持不懈。修道无捷径,捷径不见道。老子潜心修道,释迦牟尼全心佛法,他们都有一个共同心愿——建立道德规范、思想标准,与日月同辉,与天地同寿。

"以身观身,以家观家,以乡观乡,以邦观邦,以天下观天下"。只有修道方能通晓天下大事。观,是内观返照,注重反省,常思己过,精神内敛,不为外物诱惑所动。老子希望人们尊道、行道,主张积极入世,在日常生活和社会实践中,始终不渝地运用道德标准约束自己,奉献社会,普惠天下。为天下苍生而生,为天下苍生而劳。善抱、善建、修身、修乡、修邦、修天下,充满正能量,积极主动。为什么世俗庸观,惯说道家消极避世。隐士不独道家。"天下名山僧占多",吃斋念经,四大皆空,其实是逃避人世职责;儒家世乱则隐,世安则仕;道家,乱世出山安天下,世安归隐修身心。一部《道德经》,就是治国安天下的宝典,放之四海而皆准。为天下济,献计献策。何来消极厌世,无稽之谈,信口开河,亵渎圣人。

《老子》是一部治世宝典,治国安天下,从政治、经济、外交、军事、教育、伦理、养生等方面,详尽具体,是每位修道者必修之课。充满正能量。自古就有许多道家名人,如伊尹、吕尚、张良、刘基等,世乱出山,扶王安天下。老子言论具体,操作性强,行之有效。无人肯实践(束缚了统治者贪欲),让老子心寒。

修道积德,必有余庆,小修积小德,大修积大德。

一天,舜在自家房屋上整修,不料屋下火光冲天,原来是他的父亲、庶母和弟弟合谋,想一把火烧死他,好在舜机智地逃出火海。又有一次,舜在地下挖井,挖了两丈多深,他的父亲、庶母和弟弟,故技重演,拼命地向井下填土,想把舜活埋井中。好在舜预先挖了个侧向容身的洞,避免了不测。舜的家人三番五次想弄死他,舜却照样孝敬父母,关爱弟弟,他的大德广为传颂。尧看中了舜的高尚品德,把管理天下的大任托付给舜。舜的大度包容,无微不至的关爱,最终让顽固不化的弟弟浪子回头,改过自新,被舜委以诸侯之任。舜无为治理天下,应该源自他的生活体验和感悟。经老子抽象概括写在本章经文中:"修于身,其德乃真;修于家,其德乃余;修于乡,其德乃长;修于邦,其德乃丰;修于天下,其德乃普。"

第五十九章 修道培德 鸟兽无欺

【帛书】55. 含德之厚,比于赤子。蜂虿虺蛇弗螫,攫鸟猛兽弗搏。骨筋弱柔而握固,未知牝牡之会而朘怒,精之至也。终日号而不嗄,和之至也。知和曰常,知常曰明,益生曰祥,心使气曰强。物壮则老,谓之不道,不道早已。

【王本】55. 含德之厚,比于赤子。毒虫不螫,猛兽不据,攫鸟不搏。骨弱筋柔而握固,未知牝牡之合而朘作,精之至也。终日号而不嗄,和之至也。知和曰常,知常曰明,益生曰祥,心使气曰强。物壮则老,谓之不道,不道早已。

【析异】1. "蜂虿虺蛇弗螫,攫鸟猛兽弗搏""毒虫不螫,猛兽不据,攫鸟不搏"之异。用"毒虫"概括"蜂虿虺蛇"精炼;将"攫鸟猛兽弗搏"分解为"猛兽不据,攫鸟不搏",文字工整,不伤经义。毒蛇猛兽,没有理性,天性食肉,食不择种,不会区分大人、小孩、好人、坏人,能填肚子的生物通吃。毒虫、猛兽、凶禽指怀有蛇蝎心肠的恶人。

2. 对"物壮则老,谓之不道"的负面解读多见。根据经义理解,应该是:任何事物,迅速强盛,迅速衰弱,必然离道了。我有个同学,他聪明活泼,曾是乒乓球高手。高中毕业后第二年,见到他令我吃惊,他长成了姚明似的巨人。行走迟缓,一副未老先衰之象。不久听说他死了。缘起于老祖母给他吃了鹿茸,没有控制好剂量,补过头了。应了"不道早已"真言。

【新编】含德之厚,比于赤子。毒虫不螫,猛兽不据①,攫②鸟不搏。骨弱筋柔而握固③,未知牝牡之会而朘怒④,精之至也。终日号而不嗄,和之至也。知和曰常,知常曰明,益生⑤曰祥,心使气曰强⑥。物壮则老,谓之不道,不道早已。

【注释】① 据:兽爪猎物。

② 攫:用爪抓起。

③ 朘怒:生殖器勃动。

④ 握固:指婴儿四指在外拇指在内的握拳方式,握拳有力。

⑤ 益生:指新生儿日益生长,喻指修道找到了窍门。

⑥ 心使气曰强:意念行气是强者。多数版本把"心使气",解释为精神亢奋,气不平和。太极拳法中的"以意行气"就源自老子真言。

【意译】德性修为深厚的人,像新生儿一样,质朴无瑕。即使怀有蛇蝎心肠的人也不会主动伤害有道德修为的人。新生儿虽然骨弱筋柔,拳握得却很有力。初生儿虽然不懂男女交合之事,小生殖器却经常自然勃起,因为他们的精元之气极其充沛。新生儿虽然整天号啕大哭,嗓子却不会哑,因为他们元阳真气充沛。让元阳真气达到和谐状态是事物不变的自然法则,懂得这种自然法则的人智若神明。善于运用阴阳和合之气养生的人如同新生儿成长一样吉祥,能用意念支配和合之气,柔中透着阳刚的人是真正的强者。如果事物迅速强盛,或者迅速衰弱,必然背离了道。一切离道畸形发展的事物,都不可能长久。

【品析】本章突出厚德养生主题。怀有蛇蝎心肠的恶人都不会主动伤害有道之人,暗示修道之益。老子以新生婴儿生理特征为喻,渗透守柔无为的人生哲学理念。老子喜欢将道德精神形容为新生婴儿,在他心中只有至柔至弱的婴儿才能和道的本质相通。先陈述新生儿的无为天性,是修道者所要追求的境界;后论述抽象道理,指出修道要有理论指导,把握好规律,控制好节奏,严防失控,走火入魔。

道家有则故事,诠释了本章经义。春秋时的某天,老子将写好的

《道德经》交给尹喜,说自己将云游四方,执意不让尹喜随行。老子深知尹喜之心,临别时对尹喜说:"千日之后于蜀中青阳肆相寻。"三年后尹喜前往蜀地。在成都城中四处寻找,却找不到老子的踪迹。就在尹喜感到失望之际,一只青羊来到尹喜面前,带领尹喜找到了化身为婴儿的老子。在道家看来,化身为婴儿才是老子的最好归宿。

和是阴阳和合状态,是神与气最佳状态,精是人体素质核心要素。新生儿精力旺盛,腹作刚健,握固有力,长号不哑,令人惊叹。根本在于新生儿淳朴无知,营魄合一,精纯气和,一切举动纯属天然无为之作。过分强求,气机涣散,好胜逞强,必然导致过早死亡。老子倡导无为,精不伤和,以和养精的理念。

任何人都无法抗拒人体机能的衰退。归根是万物的必然。人的生命犹如昙花,红颜不可常保,然而修持童心却能做到。修炼本质就是修一颗儿童般的天真烂漫之心,修炼心法,修意念之功。自然规律虽然无法抗拒,心法却是可控。保持一颗童心,以无分别心处世。得失无忧,去留无意,"云淡风轻近午天,傍花随柳过前川。时人不识余心乐,将谓偷闲学少年。"少年快乐很简单,成人简单就快乐。老子反复强调自然而然,反对用巧使诈,反对争强好胜,反对傲气、霸气、蛮横,警惕高亢状态、傲视状态、盛气凌人气势,不然就离道了。

对"益生曰祥,心使气曰强"句,有多重解读。

一是负面解读。有人认为"祥"是妖祥(源于商人祥桑之说),是致祸之根;"强"为逞强,心使气是妄为,就会走向反面,加速死亡。古代祥反义同字,可喻凶喻吉,如"无道曰祥""吉事曰祥"。活着的成人,一举一动无不受心指使,即使潜意识使然,也不例外。老子修道,独顽且鄙,能不消耗元气?新生儿握固、腹怒、啼哭不消耗精气神?没有做功不消耗能量的事,生命不息,新陈代谢就不会停止。新生儿处在生长期,精气神的积累超过消耗,成人消耗与积累基本平衡,老人消耗多于积累。关键在于精气神运用是否最优化,以最小消耗获取最大收效。

二指新生儿成长过程。河上公曰"祥,长也。益生欲自生,日已长大。"新生儿的成长,人生之大吉祥;新生儿成长,渐渐适应肺呼吸,心使气一天天强大起来。当然强大到一定程度,达到量变质变的临界点,就会走向反面。物极必反,盛极必衰。

三按经义解读。"有益的养生之道都是吉祥的,用意念支配阴阳和合之气的人,是道深德厚的人"。这样解读,文中四个曰字所论述的内容就统一了,文章内在逻辑就严密。

慢有妙境。老子骑青牛,慢慢悠悠,白云在天,自在常然,行慢思远,行缓思深。修剪心中荒芜,徜徉于人生幽境,才是修德练功者必须持有的心态。老子善于养生,据说他活了一百多岁,可信度极大。司马迁曾说老子"修道而养寿"。老子的第八孙李解和孔子第十三代孙孔安国都同时活在汉景帝和汉武帝时期,这是司马迁所亲历的事。可见老子的后代大多长寿,是遗传因素,还是养生有方,还是兼有之?只有老子家人知道。

第六十章　挫锐解纷　和光同尘

【帛书】56. 知者弗言,言者弗知。塞其兑,闭其门;挫其锐,解其纷;和其光,同其尘,是谓玄同。故不可得而亲也,不可得而疏;亦不可得而利,不可得而害;不可得而贵,亦不可得而贱。故为天下贵。

【王本】56. 知者不言,言者不知。塞其兑,闭其门;挫其锐,解其纷;和其光,同其尘,是谓玄同。故不可得而亲,不可得而疏;不可得而利,不可得而害;不可得而贵,不可得而贱。故为天下贵。

【析异】世本有"解其分"[5]"解其忿"[6]之异。浓缩一下排比句:塞兑、闭门、挫锐、解纷、和光、同尘,均为动宾句式,宾位是名词或形容词。分和解都是肢解,是动、动组合,与其他复合句不相融。第4章"挫锐解芬"指道自我调节,本章"挫锐解纷"是对世人进言,挫锐是抑制张扬的个性,解纷或解忿是调节心理,只有抑制住个性,调整好心态,才能达到和光同尘境界。

【新编】智者不言①,言者不智。塞其兑,闭其门②;挫其锐③,解其纷;和其光,同其尘,是谓玄同④。故不可得而亲,不可得而疏;不可得而利,不可得而害;不可得而贵,不可得而贱。故为天下贵。

【注释】① 智者不言:明白事理的人不轻易感言。智比知更符合经义。

② 门:指口,这里指嗜欲念头、不正当途径或渠道。

③ 锐:尖利、急切;喻指心态和行为偏激。

④ 玄同:玄,玄机。世界大同,万物齐一,达道境界。

【意译】大智慧的人,谨言慎行,一言九鼎;不明智的人,夸夸其谈,好为人师。圣人为政,无事无争,无贵无贱,无荣无辱。修身关键在于堵住嗜欲通道,克制情欲,挫去锋芒,收敛霸气,和合众生智慧光芒,追求道的境界,把握人生真谛。把握了人生真谛,就不会有亲疏之分,就不会有得失之忧,就不会有贵贱之别。达到这种境界的人,必然赢得世人爱戴,成为天下贵人。

【品析】本章用大智者言行,表达无为思想。有道德修为的人,能够塞兑闭门、挫锐解纷、和光同尘,善于修道,不露锋芒,解除纷扰,超脱纷争,不分贵贱,淡泊名利,包容天下,物我齐一。有玄德的人,心与大道契合,能做到玄同。

以"智者不言,言者不智"开篇,是说自己,还是说他人? 白居易幽默写道:

"言者不知知者默,此语吾闻于老君。若道老君是知者,缘何自著五千文?"

老子是大哲学家,语言高度概括,价值取向是多元的。

可泛指知识渊博有智慧的人,不会夸夸其谈。夸夸其谈的人往往一知半解。世人从此语,衍生出"沉默是金""言多必失""病从口入,祸从口出"等智慧语。

或解读为老子自嘲。我知甚少,修道不精,谈经论道,贻笑大方。老子过于谦虚,低调行事,尹喜挽留,才著《道德经》旷世奇书。

或解读为老子告诫修炼者,专心修炼,谨言慎行,知之为知之,不知为不知。

或理解为老子在告诫执政者,莫妄为折腾天下,要善于用道,无为治理天下。

仁者见仁,智者见智。人很特别,好奇心强,特别有个性,常带偏见,固执己见,排他性强。有阳光就有阴影,有真善美,就有假丑恶;有是就有非,争辩不断,纠纷不息,乱了方寸,迷失自我。所以老子直言:"塞其兑,闭其门;挫其锐,解其纷;和其光,同其尘"。并将第 4 章状摹大道的许多谦下品德,移植于世人,让世人效法大道。守口静心,和光同尘,放弃亲疏之分,抛弃贵贱之别,舍弃得失之忧,用德性修为影响垂范他人。

老子认为,天和人都是大道之子,天与人有共同性,天体是大宇宙,人体是小宇宙;天是外壳,人是内核,天人合道。玄同,指达道境界,既不过分亲近某个人,也不有意疏远某人;既不过分偏心某人,也不无故刁难某人;既不过度抬高某人,也不随意打压某人。平等待人接物,不认为物贱人贵。

一旦没了亲疏、高低、贵贱之分,没有名利困扰,人与人就不会倾轧、讹诈和争斗,天下就会和谐安宁。"亲、疏、利、害、贵、贱"丝毫影响不了修道者,他们重内轻外,移情于物,能与任何人交朋友,与山水同乐,物我两忘。

第 11 单元

以道化民　天下归心

第 11 单元，以善为道者无为治国开元，辅以兵道，强调无为之益，再讲有些君王修道不得要领，有以为，讲离道治国有害，道路以目，民不聊生。

第六十一章　善为道者　以道化民

【帛书】65. 故曰：为道者，非以明民也，将以愚之也。夫民之难治也，以其智也。故以智治国国之贼也；不以智治国国之德也。恒知此两者，亦稽式也。恒知稽式，是谓玄德。玄德深矣、远矣，与物反矣，乃至大顺。

【王本】65. 古之善为道者，非以明民，将以愚之。民之难治，以其智多。故以智治国国之贼；不以智治国国之福。知此两者，亦楷式。常知楷式，是谓玄德。玄德深矣、远矣，与物反矣，然后乃至大顺。

【析异】1. "故曰：为道者""古之善为道者"之异。帛书以"故曰：为道者"开篇，顺 64 章经义行文，涵盖古今为道者。王本把"故"改为"古"，只言古人善为道，收窄了经文视界；没有弄清 15 章和 65 章的差异。

2. "以其智也""以其智多"之异。天下难治根本在执政者用智。智不仅取决于量，更取决于质。"也"作叹词，一声感叹，意味深长，绝对胜过量词"多"！

3. "稽""楷"[2]之异。稽式，宗教仪式，是集体行为，这里对治国而言。孔子死后，弟子在墓旁种了楷、模两树，视为楷模。"楷式"出自儒家之手。"稽式"着眼宗教层面，"楷式"着眼德性层面。

4. 所有版本《老子》都是"以智治国国之贼"，【新编】用祸代贼，出于三方面考量：

① 词性。祸与福互为反义词，用贼不匹配。

② 危害性。祸比贼大。国贼多指窃国之人，属统治集团内斗，波及面不大，国之祸，祸国殃民，动摇国之根本。

③ 篡改者。贼字出自儒生之手。对墙头草的风派士大夫，孔子斥之为"国之贼"。

【新编】用祸代贼，与下句"福"相匹配。

【新编】善为道者，非以明民^①，以道愚^②之。民之难治，以其智也。故以智治国国之祸；不以智治国国之福。恒知此两者亦稽式。恒知稽式，是谓玄德。玄德深矣、远矣，与物反^③矣，乃至大顺。

【注释】① 非以明民：不是教民计较得失。

② 愚：此愚非愚，指淳朴憨厚。【新编】把"将以愚之"调为"以道愚之"。调整后，赋"愚"以道教化民众的内涵，避免读者误解。

③ 与物反：物，此处指人；反，认知反差。春秋时期用道治天下，与天下人认知反差很大。改变人的认知困难，不可能一蹴而就，添加"然后"不妥。

【意译】有道高人，顺应民性，无为治世，不是教人用智谋私，而是用道教育民众回归淳厚朴实的天性。天下百姓难管理，是执政者机心太重的缘故。所以，用机心治理国家，必然给国家和人民造成无穷祸患；不用机心治理国家，才能真正造福于国家和民众。以上两种治理方式，就是两种不同治理模式。运用无为之道模式治国，那才是齐天大德！齐天大德，必将产生深远影响，却与天下人言行大相径庭，若能矫枉过正，坚持到底，必将和顺天下。

【品析】本章渗透无为而治理念，将两种治国模式对比论述。善于以道治国的人，以道化民，教民愚愫愚酤，民众淳朴敦厚，天下和顺。老子时代的治国者，惯用机心，搅乱天下。谁愿意生活在欺诈、混乱的社会里？谁愿意与伪君子打交道？谁愿意过刀尖舐血的生活？

"民之难治,以其智也"。执政者报怨社会刁民太多,治国难。刁民哪来的? 执政者应该反省自身。以智治国,欺骗民众,逼得民众不得不以智对智求生存。商纣王、隋朝杨广,都是聪明过人的君主,都是亡国之君,问题出在哪? 出在好用智。官民相斗,以智对智,能不乱吗? 天下大乱,罪在为政者好智。所以老子大声疾呼:"以智治国国之祸,不以智治国国之福。"屋漏在上,止之在上。执政者应该以身作则,垂范天下,修道积德,以德化人,诚信天下,民将自化,国将大治。

《老子》五千言,脱胎于病态社会,是医治病态人世的宝典,照方抓药医治,必有奇效。如何医治病态社会? 良方是什么? 以道育人,为天下浑心,善为道者就是这样治理的,"非以明民,以道愚之。"弄清了两种治国模式,选用哪种模式治国,不言而喻。但是在当今社会推行以道治国方略,风险很大。世人迷失太久,积重难返,需要大智慧。

本章争议焦点在"非以明民,以道愚之"上。有些人武断认为老子是愚民政策的始作俑者。司马哲说:"本章是老子愚民思想的集中体现。老子认为显学纷纷涌现,只会引导社会日趋混乱,所以,为求社会稳定,他主张愚民。"[7]任犀然说:"从来推行以道治国的人不是用道来教人民聪明,而是用道来教人民愚昧"[14];王蒙说:"古时候善于以道治国的人并不是以道来教人聪明,而是以道来教人愚傻。"[8]缺乏联系观,断章取义,以己孔见,揣度圣人,贻笑大方。

老子的许多经典语录,都是教人愚悚愚酷。如"为而不争""绝巧弃利""见素抱朴,少私寡欲""不为自生"等,在唯利是图、假公济私者看来,迂腐透了。道启人心智,教人淳朴、忠厚、诚实。若是把人教成傻子,还是道吗? 道化天下,天下人都变成傻子,道教还能兴盛几千年吗? 中华文化的根在道,汉文化岂不成了愚蠢文化? 道启心智,德引智航。拥有大智慧,必须要有好的德性修为,严防智慧邪用。智慧是把双刃剑。以德驭智,智者是天使,无德护航,智者成魔王。

商纣王,聪明绝顶,徒手搏猛兽,智驳群臣进谏而有余,文过饰非无破绽。自诩智勇双全天下无,陶醉于天生智勇虚境中。每日寻欢作乐,置酒池肉林,筑鹿台,搜刮奇珍异宝,堆满鹿台,广纳钱粮,屯于国库。美女成群,昼夜淫乐。"朝甚除,田甚芜,仓甚虚",民怨鼎沸,诸侯背叛。其智慧不用于纠偏,却想出炮烙酷刑,残害忠良。谋臣微子多次苦谏,他觉得心烦,把微子下狱。王叔比干忠言谏争,他咆哮道:我听说圣人心有七窍,本王今天要见真伪。令人剖开比干胸膛掏其心。丧心病狂,令人发指。绝代智人,以智治国,天下大乱,亲手断送了江山,最终被武王斩于鹿台。

第六十二章　江海处下　圣人处后

【帛书】66.江海之所以能为百谷王者,以其善下之也,是以能为百谷王。是以圣人之欲上民也,必以其言下之;其欲先民也,必以其身后之。故居上而民弗重也,居前而民弗害。天下乐推而弗厌也。不以其无争与,故天下莫能与之争。

【王本】66.江海所以能为百谷王者,以其善下之,故能为百谷王。是以圣人欲上民,必以言下之;欲先民,必以身后之。是以圣人处上而民不重,处前而民不害,是以天下乐推而不厌。以其不争,故天下莫能与之争。

【析异】1.起句有"之"无"之"之异。有"之",把江海为百谷王的因果关系说得更透彻。

2."故居上""是以圣人处上"之异。圣人可从前省略。

3.【新编】删除了后一个故字。

【新编】江海之所以能为百谷王者,以其善下之,故能为百谷王。是以圣人,欲上民必以言下之;欲先民必以身后之。故处上而民不重①,处前而民不害②,天下乐推而不厌。以其不争,天下莫能与之争。

【注释】① 民不重:民众无压力。

② 民不害:民众不感到害怕。

【意译】沧海之所以能成为百川汇集中心,因为它甘居百川下游,所以能成为百川汇集之地。如果想要身居高位，人民感觉不到压力，就得谦言慎行，甘当人民的老黄牛；如果想要位居民众之前，成为民众首领，就必须把民众利益放在首位，这样做了，身处高位民众就不会有戒心；引领民众共同富裕，天下老百姓就会真心拥戴，只怕大权旁落。正是因为从来不与人争名夺利，天下就没有人能争得过他。

【品析】本章老子用比兴手法，再次阐述不争的政治哲学。一看便知：水低为海，人低为王。百川归大海，天下归圣人。若要成人王，就要有广阔胸怀，有博爱之心，有容人之量。大度包容难容事，笑脸相迎天下人，广开言路，兼听各种言论，甚至污辱和谩骂，受得了胯下之辱，有唾面自干的容人雅量。谦下受垢是王者必备的政治道德风范。利益面前，甘居其后；身居高位，廉洁奉公，不与百姓争利，吃苦在前，享乐在后。这样做了，自然能够获得天下百姓的敬重和爱戴，天下人乐于推荐，担心大权旁落。

不争不是叫人当缩头乌龟，利益不争，大任不让。处下效应贯古今，士为知己者死。吴起为士兵吸脓，所以他的军队天下无敌；刘备三顾茅庐请诸葛，诸葛甘心奉献天下计；共产党领导的军队，打遍天下无敌手。因为共产党的军队，是人民的军队，官兵平等，同甘共苦。朱德作为红军最高指挥官，坚持与战士们一起下山挑粮食。战士们都敬重他，爱戴他，不让他挑粮，便把他的扁担藏了起来。朱德知道后，又拿来一条扁担，刻上自己的名字。朱德扁担的故事，教育着一代又一代人民军队。

为人处世，谦虚为本。满招损，谦受益。谦虚使人进步，骄傲使人落后。

戴震，清代著名哲学家、思想家、文学家，梁启超称他为"前清学者第一人"。他不仅学术超群，而且十分谦虚，尊敬师长，品德高尚。他的老师江永先生，被皇上召见，回答皇上的问题时，过于紧张，有些词不达意。他灵机一动，立即推荐了学生戴震。戴震出口成诵，应对自如，皇上十分赏识。问戴震道："你和江老师谁的才能更高？"戴震回答说:"我与先生相比,我是萤火虫,先生是太阳!"皇上又问:"那水平高的人反而不能回答我的问题,为什么?"戴震说:"老师年高,耳朵有些背,有所健忘,可他的学问犹如汪洋大海,深不可测。"皇上十分赞赏戴震的谦逊品质,赐为翰林。

老子的人生观、处世观,充满正能量。善下、处后、不争、守静、处柔、处弱、不自见、不自是、不自伐、不自矜,名利不争、大任不让、慈悲为怀、勤俭节约、效法自然、尊重自然等等,是不可多得的大智慧。

第六十三章　慈俭不先　天将建之

【帛书】69. 天下皆谓我道大,大而不肖。夫唯不肖,故能大。若肖,久矣其细也夫! 我恒有三宝,持而宝之。一曰慈,二曰俭,三曰不敢为天下先。夫慈,故能勇;俭故能广;不敢为天下先,故能成器长。今捨慈且勇,捨俭且广,捨后且先,则死矣。夫慈,以战则胜,以守则固。天将建之,以慈垣之。

【王本】67. 天下皆谓我道大,似不肖。夫唯大,故似不肖。若肖,久矣其细也夫! 我有三宝,持而保之。一曰慈,二曰俭,三曰不敢为天下先。慈,故能勇,俭,故能广,不敢为天下先,故能成器长。今舍慈且勇,舍俭且广,舍后且先,死矣。夫慈,以战则胜,以守则固。天将救之,以慈卫之。

【析异】1. "大而不肖""似不肖"之异。道的法象大,有超物质性,"似不肖"表述无力。

2. "天将建之""天将救之"之异。建,树立。天要造化某人,必先苦其心志,劳其精骨。建人,百年树人,时间漫长;救人时间短暂。

【新编】天下皆谓我:道大,大而不肖。夫唯不肖,故能大。若肖,久矣其细也夫①! 我恒有三宝,持而保之:一曰慈,二曰俭,三曰不敢为天下先②。慈故能勇;俭故能广;不敢为天下先,故能成器长。今舍慈且勇,舍俭且广,舍后且先,则死矣! 夫慈,以战则胜,以守则固。天将建之,以慈卫之。

【注释】① 若肖，久矣其细也夫：道什么都不像，若像具体物，早就消失殆尽了。

② 不敢为天下先：不把自身利益放在世人前面。

【意译】天下人对我说，你讲的道太大，什么都不像，难以把握，不对劲吧。正因为道不像任何具体物质，所以道的法象才大。道如果像具体事物，那就渺小平庸了，那就早已消失殆尽了。我总结了三条法则，一生践行。一是拥有慈爱心，二是懂得节俭自律，三是不把自身利益放在世人之前。拥有慈爱心，就能勇往直前，所向披靡；懂得节俭自律，必然光彩照人；不把自身利益放在世人之前，才有资格成为大众领袖。有些人抛弃了慈爱心，越来越凶狠；抛弃了节俭自律美德，挥霍无度；抛弃了后其身的品德，钻营私利，攀爬高位，自寻死路。以慈爱心治国安民，遇到战争，同仇敌忾，攻则无敌不克，守则固若金汤。上苍想要造就某人，必赐他慈爱心作防护墙。

【品析】本章讲世人修道不得要领，畏惧大道深奥。老子说，修道说难也不难，贵在坚持：静定持心，勤用三宝，就能近道。老子承认道大玄远，外行不笑就不是道了。这叫"道，可道，非恒道。"我虽然没有办法说清道，但我有办法让你走近道。我总结了三条法则，百用百灵："我恒有三宝，持而保之。"

"慈、俭、不敢为天下先"三原则，具有广泛性，治国、治军、养生、为人处世都管用。

慈是第一原则。有慈爱的人，必能博爱。佛陀慈悲，以身饲虎，割肉救鸽。有慈爱，必有大仁，仁者无敌。为士必能冲锋陷阵；为帅必然爱兵；为君必爱天下苍生。舍慈逞勇，为将是蛮夫，为君是魔头。

俭是第二原则。俭，既是生活行为，更是生活态度。生活节俭，行为节制，谨言慎行。君子爱财，取之有道，用之有度。一次周总理去乡下考察，吃完稀饭，用馒头片把碗底擦净吃下，群众见之无不动容。泱泱大国总理，如此珍惜粮食，能不让人感动？一次发生在"文革"期间。红卫兵大串联，吃饭不要钱，有些热血青年，对粮食不珍惜,吃饭时弄得天一半,地一半。周总理见了,把撒在桌上的饭捡起来当众吃了。在场的革命小将们惊呆了。一传十,十传百,大串联中践踏粮食的行为得到了及时制止。

舍先处后是第三原则。不是讲创新,不是讲革命,而是讲风格。讲不争利,不争位,谦让处后。这样就能内得于道,外得于人,定能成为大众首领。如果反其道而行之,舍去慈爱,吝啬为人,挥霍无度,事事欲占先机,抢尽风头,绝没有好下场。

为人要慈悲为怀,关心人间疾苦,勤俭节约,埋头苦干,不争名利,甘居人后。田横被杀,手下五百壮士,集体自杀,足见田横仁爱下属。可赋诗歌之:"君王逼横刎,门客不忍离。慷慨就大义,冥路掣旌旗。"爱得越深厚,行为越勇敢。壮士决斗无胆怯,母亲救子可舍命。无爱有勇者可怕,魔鬼心肠,无人不怕。

第六十四章　尊道善为　谋势无痕

【帛书】70. 善为士者不武;善战者不怒;善胜敌者不与;善用人者为之下。是谓不争之德,是谓用人,是谓配天、古之极。

71. 用兵有言曰:"吾不敢为主而为客,不敢进寸而退尺。"是谓行无行,攘无臂,执无兵,乃无敌。祸莫大于无敌,无敌几丧吾宝。故抗兵相加,哀者胜矣。[1]

【王本】68. 善为士者不武;善战者不怒;善胜敌者不与;善用人者为之下。是谓不争之德,是谓用人之力,是谓配天古之极。

69. 用兵有言:"吾不敢为主而为客,不敢进寸而退尺。"是谓行无行,攘无臂,扔无敌,执无兵。祸莫大于无敌,无敌几丧吾宝。[1]故抗兵相加,哀者胜矣。

许结先生提供的王弼本是:祸莫大于轻敌,轻敌几丧吾宝。[22]

【析异】1. "是谓用人""是谓用人之力"之异。用人外延广,善于用人,包括正反方面的人。共产党人优待俘虏,教育感化俘虏,把俘虏教育成杀敌勇士,把战犯教育成和平使者和新中国建设者;后缀"人力",限定死了,反而不美。

2. "乃无敌""扔无敌"之异。"乃无敌"是"行无行,攘无臂,执无兵"的必然结果,是总结语,用扔不妥。扔,抛掷、甩掉,此处指拒敌。扔无敌与执无兵,两者是包含关系。执兵包括战役的所有军事部署。

3. 【新编】用"是谓有道者"替换"是谓配天古之极。""是谓配天古之极"的评价太高,不切实际。圣人也不可能德配天古。老子曰:"至誉无誉。"老子不会过分虚捧某人。

4. 帛书、王本中"无敌"有内伤。"扔无敌"中无敌,指无敌手,"祸莫大于无敌,无敌几丧吾宝"中无敌指轻敌。无敌在古代也许是多义词,包含轻敌,现代无敌一词没有轻敌含意。

【新编】善为士者不武①;善战者不怒②;善胜敌者不与③;善用人者为之下。是谓不争之德,是谓用人,是谓有道者。用兵有言:"吾不敢为主而为客④,不敢进寸而退尺。"是谓行无行⑤,攘无臂⑥,执无兵⑦,乃无敌⑧。祸莫大于轻敌,轻敌几丧吾宝。故抗兵相加,哀者胜矣。

【注释】① 善为士者不武:士,谋士,不武,以智取胜,不战而屈人之兵。

② 善战者不怒:擅长指挥的将帅,遇事冷静,受辱心平,不轻易动怒。

③ 善胜敌者不与:善于克敌制胜的将帅,兵不血刃而屈人之兵,善胜对手。

④ 为主、为客:为主,主动进攻;为客:积极防御应敌。

⑤ 行无行:用兵瞒天过海,对手茫然不知。

⑥ 攘无臂:攘,撸袖,臂,臂膀,出拳对方看不清招数。

⑦ 执无兵:胸有韬略,兵置何处,对手不知。

⑧ 乃无敌:深谋远虑,无敌于天下。

【意译】高明的谋士,以文载道,以智取胜;善于领兵作战的将军,不会轻易被对手激怒;善于克敌制胜的统帅,胜敌于无形;善于用人的国君,礼贤下士,化腐朽而出神奇,得天下人心。这些都是"不争之德"的体现,是善于用人的体现,是符合天道的体现,是古往今来为政者的最高境界。用兵打仗,有这样说法:"我不会贸然主动挑起战争,面对来犯之敌,奋起反击;我不会贸然前进一寸,而要后退一尺。"活用起来就是:出拳时对手看不清招式,行动时对手发现不了踪迹,出击时对手不知兵从何处来;唯有这样你就没有对手。没有什么比轻敌带来的祸患更大,轻敌可能会丧失根本。所以,敌我双方鏖战,总是受尽侮辱而被迫作战一方更容易获得最终的胜利。

【品析】本章先讲用人之道。孙子从战事说战事,老子借战事说为人之道,用人之道,传授道莅天下的大美政治哲学。后段文字以道论兵,讲兵道,主张"以奇用兵",以谋略取胜。善用兵者,依道谋势,胜敌于无形。老子以兵家名言"吾不敢为主而为客,不敢进寸而退尺"开示后人,将其军事哲学,纳入他的大道体系,绝妙地将战争艺术呈现在世人面前。看起来好像不争取主动,被动防守。其实是说不主观、不固执,随机应变。"知己知彼,百战百胜",视战场形势而动,不拘泥于作战方案,牢牢把握战争主动权。

"善为士者不武",杨国庆译为:"善于作战的士兵,从来都不会凭借武力逞强斗狠。"[13]将"四善"联系起来解读,"四善"所言对象都不是平庸之辈。其士指谋士。谋士不是不武,而是藏武不用,腹藏韬略,胸有百万兵,会让对手闻风丧胆。西夏人称范仲淹为"小范老子","小范老子胸有百万兵",把范仲淹喻为老子。

"四善"道尽无为之妙。从谋士、将军、统帅,再到国家领导人,层层推进,前三句为最后一句铺垫。决策者用人:无德不能用,无才不可用,德才兼备放心重用。

"善战者不怒",是为将者必备心理素质。诸葛亮曾派人将女人服送到司马懿大营,企图激怒司马懿出战。岂料司马懿当着蜀军特使面,穿上送来的女人服,讥讽道:挺得体,代我谢过丞相。无论诸葛亮怎么激将,司马懿就是坚守不战。

"主不可以怒而兴师,将不可以愠而致战。"制怒用忍,以不变应万变。关羽败走麦城,命丧东吴人刀下,刘备感念桃园结义,兄弟情深,怒而用兵,结果败于嫩青陆逊之手。为将者不是不怒,为战不怒,为大义不可不怒。武王怒而灭商安天下,鲁迅怒向刀丛觅小诗,揭露社会的黑暗。

"善胜敌者不与"是衡量统帅的一个重要标准。将帅要善用韬略。上兵伐谋，不战而屈人之兵。孙膑斗庞涓，先以围魏救赵胜庞涓，后用减灶增兵之计杀庞涓。20世纪后半叶，美苏两个超级大国斗智斗勇，老美技高一筹，未用一兵一卒，将强大的苏联帝国肢解于无形。现在美国人企图故伎重演，从东海、台海、南海、东南亚围堵我们；从政治、外交、经济、军事、科技等层面，层层挤压我们。挑唆日本、菲律宾、越南、印度、缅甸等国，制造摩擦，煽风点火，千方百计想把战火引向中国。魔高一尺，道高一丈，他强任他强，清风拂山岗；他横任他横，明月照大江。我们智斗老美，万里边疆，固若金汤。

"善用人者为之下"。知人之长，取人之心，以心换心。文王亲赴渭水拉车得士安天下；周公吐哺，天下归心；中国共产党以救天下穷苦人为己任，广纳天下英才，其势由小到大，由弱到强，如今已成为地球上第一大党。

文中，老子连用三个"是谓……"排比句，将文章气势再度拔高。最高领导人素质要全面，必须具备"不武""不怒""不与""为之下"的品德，招揽天下英才为己所用。不争，才能所向披靡；处下，才能凝聚力量，"江海之所以为百谷王者，以其善下之"。

下文以古人谈兵作铺垫，阐述他的兵道，讲用兵方略。老子主张防御战要善守待变，择机出击，牢牢掌握战场主动权。既是老子以退为进的处世哲学在军事上的运用，也是老子以柔克刚思想的军事版。如果被迫卷入战争，先积极有效防御，再择机反击。老子的积极防御军事原则，成为中华军事思想宝库中的瑰宝。泱泱华夏，自古不好战，不畏战，以战止战，可能就源于老子以道驭兵的军事思想。

孔明被刘备三顾茅庐的真诚所感动，出隆中之时，正是曹操亲率数十万大军南下，刘备兵败新野走投无路之际。初出茅庐的青年孔明为刘备谋大局，作出联吴抗曹方略，巧妙利用天时地利人和三大取胜要素，联吴抗魏，连出奇谋。上演了孔明借箭、孔明借东风等系列神话。华容道上又让曹操吃尽苦头。按理曹操很难活着走出华容道的。孔明高明处就体现在他留下了曹操。他若把曹操给杀了,北方魏国定会复仇,东吴也会落井下石,刘备前景必堪忧。他把这个顺手人情深藏不露地送给关羽,又不动声色地制服了桀骜不驯的关羽。

年青的孔明把老子"以奇用兵"、弱中取势的谋略演绎得出神入化。实施联吴抗曹谋略,实际是巧借东吴国力抗曹,削弱魏吴国力,保全壮大自己。新野之败的刘备连个像样的窝都没有,兵少将寡,哪有资格与东吴联手?孔明入江东舌战群儒、借荆州以及孙刘联姻等重大事件,充分说明了这一点。刘备此时正是龙困浅滩,虎落平阳。把落魄枭雄塑造成风云人物,洞见孔明超人谋略和气魄。

"祸莫大于轻敌,轻敌几丧吾宝",可谓是兵家经典语录。关羽轻敌,败走麦城,一代枭雄,身首异处。刘备不把嫩青陆逊放在眼里,陆逊一把火烧他七百里连营,几十万大军,灰飞烟灭,败走白帝城,死于白帝城。美国麦克阿瑟将军,是唯一一位参加过第一、第二次世界大战的名将,踌躇满志,骄气横溢,不可一世。统帅百万武装到牙齿的17国联军,杀奔朝鲜半岛,狂言打到鸭绿江,回家过圣诞节。在他看来,中国是不会出兵朝鲜的,若是出兵,那也是以石击卵。结果被中国人民志愿军打得晕头转向,受到战场撤职处分。

第六十五章　天网恢恢　疏而不失

【帛书】75. 勇于敢则杀,勇于不敢则活。此两者或利或害,天之所恶,孰知其故? 天之道,不战而善胜,不言而善应,弗召而自来,坦然而善谋。天网恢恢,疏而不失。

【王本】73. 勇于敢则杀,勇于不敢则活。此两者,或利或害。天之所恶,孰知其故? 是以圣人犹难之。天之道,不争而善胜,不言而善应,不召而自来,繟然而善谋。天网恢恢,疏而不失。

【析异】1. 王本多出"是以圣人犹难之"句。此语出自 63 章,63 章说圣人把易事当难事做,用在本章不妥。老天喜欢是"勇于敢"、还是"勇于不敢"? 有道者心知肚明,会犯难吗?

2. "不战""不争"之异。道是万物之母,母与子相争,不合情理。万物纷争不息,道遏制强势,扶助劣势。不战而胜。

3. "坦然""繟然"之异。繟然,指坦然或安然,用"坦然"为宜。

【新编】勇于敢①则杀,勇于不敢①则活。此两者或利或害,天之所恶,孰知其故②? 天之道,不战而善胜,不言而善应,不召而自来,坦然而善谋。天网恢恢,疏而不失。

【注释】① 勇于敢、勇于不敢:勇,有胆量,不退缩;敢,决断,是智慧决断,还是鲁莽行事? 一利一弊。勇于敢,是匹夫之勇,是强梁者;勇于不敢,是仁者之大勇。

② 孰知其故:不知缘由。文中疑问,体现老子驾驭文字的高超

艺术。

【意译】勇而鲁莽冲动的人,易招杀身之祸;有大勇而能自我克制的人,能够最大限度保全自我。这两种勇气,一个于己有利,一个于己有害。上苍讨厌鲁莽行事的人,合乎道! 自然法则清晰得很,不主动出击却能获得主动,默默不语却能应对自如,不发号施令万物依归,无为天下井然有序。大自然这张无形法网,虽然宽松稀疏,却毫无遗漏。

【品析】老子提倡以智驭勇,果敢无恙;意气用事,独断专横,治不好天下,妄为恶行必自毙。勇于敢或不敢,是针对诸侯们说的。穷兵黩武,一心想征服吞并他国,都没有好下场。"强梁者不得其死""天网恢恢,疏而不失"。作恶不要抱侥幸心理,不受老天惩罚。

老子笔下的"勇于敢"和"勇于不敢",是两种不同境界的勇气与胆识,一死一活,天壤之别。死是亡国,活指国存。就个人而言,遇事光有虎胆不行,要用智慧驾驭胆气,用智慧决断。智慧控制下的勇,是大勇,是真勇;失去理智的勇,是鲁莽,是蛮夫,是痴汉。当断则断,当缓则缓,说起来容易,做起来难,几分胆气,几分运气。

勇敢行为是好是坏? 是利是弊? 十分微妙。几分智慧,几分命运,是概率事件。有一点是明确的,勇敢要有道德底线,勇敢要把握时机,狭路相逢勇者胜。遇事沉着冷静,谨慎行事,三思而行无败事。切不可毫无顾忌,感情用事,哥们义气,逞强好胜,误了卿卿性命。字里行间突出一个"忍"字,渗透着老子无为人生哲学理念。

忍得一时之气,免得百日之忧。"忍"字心上一把刀,刀刃滴血。能忍是一种处世哲学,是一种涵养,是一种境界。韩信忍辱,穿行狂徒胯下,终成天下名士,万代敬仰。刘秀兄长刘伯升被刘玄所杀,刘秀主动放弃出击,登门叩拜认错,留得青山在,成为东汉开泰皇帝。

后部内容讲道法自然。借天道之力,宣讲"处无为之事,行不言之教"理念。谋事在人,成事在天。诸葛亮被罗贯中塑造成智慧的化身,为报答刘备知遇之恩,事必躬亲,鞠躬尽瘁,费尽移山心力,企图

光复汉室。汉朝气数已尽,诸葛亮回天乏力。一代智多星,陨落在兵营。秋风扫黄叶,三国归于晋。正如一首诗所言:

马力牛筋为子孙,龙争虎斗闹乾坤。战尘摩擦老英雄,杀气熏蒸日月昏。

千载几人能兴后,百年总是幻游魂。孔明若知其中意,高卧南阳不出门。

人只能顺应历史潮流,不能逆历史潮流;人不按客观规律办事,能力再强,终将难成大事。上苍有好生之德,决不怜悯逆势而为之人。

大自然"不战而善胜,不言而善应,不召而自来,坦然而善谋"。法网严密,也有纰漏,有人专门钻法律漏洞。人为情困,法外施仁,法外开恩,领导干预,难免不伤其手。天网则不然,看似破绽百出,却没有遗漏。各人罪孽各人担,谁也逃脱不了。

就社会性而言,为正义事业、为国为民,需要大勇果敢,要有压倒一切敌人的英雄气概。古有"匈奴未灭,何以为家"的霍去病,有为收拾旧山河笑谈渴饮匈奴血的岳飞;近有大渡河上飞夺泸定桥的十七勇士,有坚定信念视死如归的江竹筠,有舍身炸碉堡的董存瑞,有用胸膛堵住敌人枪眼的黄继光,有舍身救战友的王杰……

第六十六章　民不畏威　威莅天下

【帛书】74. 民之不畏威,则大威将至矣。毋狎其所居,毋厌其所生。夫唯弗厌,是以不厌。是以圣人自知而不自见也,自爱而不自贵也,故去彼而取此。

【王本】72. 民不畏威,则大威至。无狎其所居,无厌其所生。夫唯不厌,是以不厌。是以圣人自知不自见,自爱不自贵,故去彼取此。

【析异】"民不畏威,则大威将至""民不畏畏,则大畏至"[13]之异。畏,畏惧;威,从戈从女,其威是威胁? 还是威信? 国民党统治时期,赋税多如牛毛,乱抓壮丁,无人不怕,全用畏合适;刚解放时,全国实行军管,老百姓一点也不害怕,因为都是为了保护他们的生命财产。若把威视为暴力,这与"圣人自知不自见,自爱不自贵"的经义脱节。其威,指政治权威,是政治威信。将开篇八个字孤立解读,容易脱经离义,要上下贯通。

【新编】民不畏威,则大威至。无狎其所居①,无厌其所生。夫唯不厌,是以不厌②。是以圣人自知不自见,自爱不自贵,故去彼取此。

【注释】① 狎、居:狎,甲排序最先,犬在甲旁,戏耍轻佻,亲热而不庄重;此"狎"不宜当狭窄、逼迫理解;居,安居,指内心世界。深爱着生养居地。

② 夫唯不厌,是以不厌:真的热爱生活,融入生活,享受生活。

【意译】当民众不害怕政治权威时,便是政治权威到来之时。高明的政治家不玩弄社会,不愚弄百姓,倾听百姓呼声,百姓感恩生活,眷恋家园,热爱生活,创造新生活,享受新生活。因此,有道德修为的人,能自知之明,不自我标榜;位高权重,不自以为高贵,自爱不自见,自律不自贵,修道者理应如此。

【品析】上章讲圣人谦下,本章以虚拟之政,希望圣人主政,天下太平,人民必然由厌倦生活转为热爱生活,宣讲他的政治道德哲学。春秋时期,百姓生不如死,老子渴望圣人执政。老子用虚构之政,为执政者导航。中国共产党人把老子的虚拟之政变成了现实。

"民不畏威,则大威至"。当政治威信深入人心时,天下祥和太平。官民亲如一家,官员如同子女,敬民众如父母,正是老子希望的理想社会。新中国建立后,干群关系,鱼水情深,血肉相连。人民真心拥护共产党,万众一心跟着共产党。人民群众焕发出冲天干劲,劳动模范如雨后春笋:马恒昌、王崇伦、时传祥、王进喜……

"无狎其所居,无厌其所生。夫唯不厌,是以不厌。"不嫌弃家园,不厌倦生活,心不生厌,当然不厌。老子为何要用这种笔法写经呢?春秋时期,兵荒马乱,民众背井离乡,生活艰难。难得圣人主政,所以大力渲染,但不忘警示(自爱不自贵)。1949年,全国解放,老百姓享受着从来没有过的幸福和自由。生活虽然贫困,但人们的精神面貌焕然一新。为官者平易近人,把百姓冷暖挂在心上,百姓觉得生活有滋味,珍惜来之不易的幸福生活。

什么叫幸福?密码藏在字画里。幸🔒被枷锁铐着的人获得释放,获得自由;福🏺,捧着酒坛献于祭台,庆贺自由。幸福本义就是获得自由,耕者有其田,有衣食,有家室。全国解放,亿万受苦受难群众,获得空前自由,分田分地,老百姓喜上眉梢,无人不说共产党好!

"是以圣人自知不自见,自爱不自贵,故去彼取此。"老子对为政者讲道德哲学,要自知之明。天下太平来之不易,要备加珍惜,精心呵护,不骄傲,不自满。认清自己,就接近圣人了。圣人能够做到自知、自爱、自重;能够尊重自己,更能尊重他人,爱护他人。老子的政治道德取向明确:舍弃自见、自贵,坚守自知、自爱,爱民如子。

"夫唯不厌,是以不厌",执政者倾听民众心声,老百姓生活快乐,心情舒畅,无忧无虑。共产党执政,人民群众参政议政,积极投身新中国建设的大潮之中。

解放后,中国人民焕发出空前的劳动热情和冲天干劲,他们用智慧和汗水,掀起了建设社会主义热潮。北京十三陵水库修建,就是那个年代中国建设大潮的一个缩影。

党中央号召北京机关、厂矿、院校、工商界、文艺团体中工作人员,有组织地参加义务劳动。北京各县组织了支援民工、机关干部、院校学生、商业系统的职工和驻京部队等。国家机关就动员参战的有 358 个单位,87186 人次,共完成 96 万多个劳动日。

在修建水库过程中涌现出许多像"七姐妹""九兰组"(九位姑娘名字中都带"兰"字)等先进个人,她们成为当年水库工地的"名人"。她们和小伙子一样挑土、打桩、打夯,哪里任务最艰巨她们就到哪里去。

1958 年 5 月 25 日下午,全体中央委员到十三陵水库工地参加义务劳动。毛泽东挥锹铲土,刘少奇打夯,周恩来拉车运土,朱德用大箩筐挑土。党和国家领导人参加水库工地劳动,极大地鼓舞了建设大军,大家劳动热情空前高涨。领袖们参加十三陵劳动的消息传开,从宗教界到文艺界,从工矿到学校,从工商界到外国使节,人们从四面八方涌向十三陵工地……

十三陵水库修建过程中,近 40 万人参加了义务劳动。解放军驻京部队官兵 11.5 万人,国家机关干部 8.6 万人,昌平和其他区县农民 2.2 万人,学校师生 10.1 万人,商业工作者 1.4 万人,技术工人 2400 余人和在京各国驻华外交使节、国际友人及其他人员 5 万余人。在水库建设的那些日子里,领袖与人民水乳交融,体现了艰苦奋斗、众志成城的民族精神和人民群众建设社会主义的巨大热情,为后人留下一笔宝贵的精神财富。

第六十七章　君王无道　民众轻死

【帛书】77. 人之饥也,以其取食税之多,是以饥。百姓之不治也,以其上之有以为也,是以不治。民之轻死也,以其上求生之厚也,是以轻死。夫唯无以生为者,是贤于贵生。

76. 若民恒且不畏死,奈何以杀惧之? 使民恒且畏死,则为奇者,吾得而杀之,夫孰敢矣。若民恒且必畏死,则恒有司杀者。夫代司杀者杀,是谓代大匠斫。夫代大匠斫,则希有不伤其手矣。

【王本】75. 民之饥,以其上食税之多,是以饥。民之难治,以其上之有为,是以难治。民之轻死,以其上求生之厚,是以轻死。夫唯无以生为者,是贤于贵生。

74. 民不畏死,奈何以死惧之? 若使民常畏死,而为奇者,吾得执而杀之,孰敢? 常有司杀者杀。夫代司杀者杀,是谓代大匠斫。夫代大匠斫者,希有不伤其手矣。

【析异】1. "人之饥""民之饥"之异。人和民在春秋时期区别很大。人自由度大些,民是奴隶或罪犯一类人,虐待超出想象,没有人身自由。

2. "以其取食税之多""以其上食税之多"之异。【新编】将其整合为:"以其上取税之多"。

3. "百姓之不治""民之难治"之异。民是罪犯或奴隶一类,甲骨文 揭示了民字谜底,被残酷虐待,没有半点人身自由,百姓有人身自由。帛书 65 章用"难治"，本章用"不治"，王本两章都用"难治"。既没有认清两章论述的侧重点不同，又把民与人、百姓混为一谈。65 章"上"指统治者用智治国，本章"上"指统治者赤裸裸地搜刮民脂民膏，逼得百姓无法生存。不治，指无法治理了；难治，还是能治的。其他章中"民"泛指国民或人们，本章重在揭露执政者暴政苛刻，人、百姓、民所受虐待是递增的，受压迫程度，层次分明，人的生活难保，但是人身是自由的，百姓被压得透不过气，举旗造反（不治的结果）；民，心如死灰，但求一死，层层递进。【新编】中的人、民和【帛书】保持一致。

4. "以其上之有以为""以其上之有为"之异。"有以为"，自命不凡，嘲讽味浓，表达对执政者愤慨之情；有为泛泛而论，论述没有力度。

5. "奈何以杀惧之""奈何以死惧之"之异。杀，砍头、车裂，民众连死都不怕了，用杀头威吓有用吗？杀比死行文更接地气。

6. "若民恒且必畏死，则恒有司杀者""常有司杀者杀"之异。论述文，重在理，行文讲气势，不能只图简洁而失气势。王本恰恰把一语千钧的"若民恒且必畏死"句给删除了。

【新编】人之饥，以其上取税之多，是以饥。百姓之不治，以其上之有为，是以不治。民之轻死，以其上求生之厚①，是以轻死。夫唯无以生为②者，是贤于贵生③。民不畏死，奈何以杀惧之？民若恒且必畏死，而为奇者，吾得执而杀之，孰敢！若民恒且必畏死，则恒有司杀者④。代司杀者杀，是谓代大匠斫⑤。代大匠斫，稀有不伤其手。

【注释】① 以其上求生之厚：统治者奉养过于奢侈。

② 无以生为：无法生存。

③ 贤于贵生：此贤通鲜，指少有；贵生，厚养生命。难见有珍惜生命的人。

④ 司杀者：执行杀人的人，称刽子手。

⑤ 斫：砍，削。

【意译】民众之所以饥寒交迫,是统治者取税太多,所以受饥挨饿。百姓之所以无法管理,是执政者高压,逼得百姓无路可走,不得不反。奴隶之所以普遍看轻死亡,是执政者残酷压迫,让他们生活绝望,认为死了比活着好。只有无法维持生存的人,才会轻视生命。

老百姓连死都不怕了,怎么还用砍头来恐吓他们呢?民众如果真的很怕死,那么,为非作歹的人,我把他抓来杀掉,谁还敢呢!如果民众真的很怕死,按照正常程序,有司法部门定性,有行刑人来杀他们。代替行刑者杀人,好比外行人代替高明木匠削木。外行代替高明木匠削木的人,很少有不砍伤自己手的。

【品析】本章对执政者严酷政治压迫进行了无情抨击,明确指出执政者肆意妄为的恶果。老子用犀利笔法,表达对执政者极为愤慨之情。文中通过对三类民众(人、百姓、民)生活状况的诉说,深刻揭露了执政者残酷剥削民众的歹毒嘴脸。上层病态,利令智昏,食税太重,民众生存无望,才会轻死,才会奋力一搏,举旗求生。再以质问语气,斥责当权者,治国无方,用恐吓手段维持统治,滥用杀戮,草菅人命,愚不可及。从杀人无用,到杀人有祸,突出无为而治思想。

人民造反是苛政和繁重赋税逼出来的,官逼民反,官逼寇生。剥削与高压是政治祸乱的根本原因。哪里有压迫,哪里就有反抗,犹如作用力与反作用力。

"人之饥……是以……,百姓之不治……是以……,民之轻死……是以……"句式,相当于"因为……所以……",层层推进,造成人民饥饿、百姓不治、奴隶轻死的社会现象,根源在统治集团,经济盘剥(取税太多)、政治欺压(有以为)、求生之厚,民众只想以死了结尘缘。一切人间疾苦,一切社会乱象,始作俑者,在执政者。沉重赋税是一切祸根的源头。

75章王本全用民,脱离春秋实际。帛书把国民分为三类(应该是原经文本):人、百姓和民。人只需要交税,不需要服徭役;百姓既要交税,又要赴徭役;民是奴隶或犯人,受到残酷虐待,与牲畜无异。

人受到饥饿威胁,百姓受到饥饿和傜役多重压迫,民的生活与地狱无异,这些人普遍轻死。民,帛书 31 个,王本 33 个,差数在本章。75 章重在揭露苛政残酷,将人们分类论述,其他章中民泛指人们。本章是 74 章"民不畏死"(其"民"泛指民众,与本章"民"内涵不同)的深入,词锋犀利,层层揭露,剥掉了蒙在执政者身上的画皮,揭示了社会基层民众真实生活状况。人受压迫少,不会造反,民严格管控,造不了反。百姓占绝大多数,百姓造反天下必乱。全用民不妥。王本一会说民众饥饿,一会说民众造反,一会说民众轻死,无视春秋时代民众阶层差异性。

统治者心狠手辣,杀鸡取卵,税收压得百姓家破人亡,流离失所。国民党执政期间,苛捐杂税多如牛毛,百姓怨声载道;共产党得天下,农业税从轻到无。

客观地讲,造成饥荒有天灾与人祸两大原因。中国自古就是农业大国,靠天吃饭。老子心知肚明,但老子不说天灾,只讲人祸。天灾无法避免,人祸完全可以避免。你收敛点、仁慈点、节俭点、施舍点,即使有天灾,上下齐心,难关可渡。

开篇一组排比句,把执政者贪婪、压榨、敲骨吸髓式的盘剥丑态刻画得入木三分。春秋战国数百年战乱,洒向人间都是怨。各诸侯国只顾自己强兵,不管百姓死活,民众生活苦不堪言。饿殍遍野,易子相食,母亲自杀以喂养子女,屡见不鲜。乱世民众生命如草芥,轻死者多见。老子所见饥民惨状,肯定惨不忍睹,所以才大声疾呼:"以其上取税之多,是以饥"。

"夫唯无以生为者,是以贤于贵生",是对上面排比句内容的总结概括。"唯……是……"句式,类似于"只有……才……"的条件句式,"无以生为"是"贤于贵生"的前提条件。"无以生为"是倒装句,只有无法维持生存、生活渺茫绝望的人,才会轻死。"宁为太平犬,不做乱世民"是春秋时代民众内心世界的真实写照。生存绝望之人还谈什么贵生?

"民不畏死,奈何以杀惧之?"百姓连死都不怕,还用砍头吓唬他们,管用吗? 老百姓为什么视国纪法度于不顾呢? 根源在于当权者冷酷无情,视百姓如草芥。杀人能巩固政权吗? 必然事与愿违,越杀民越反。掉颗脑袋碗大疤,岂不悲哉! 老百姓没有办法维持生活,活着比死更难受,所以他们"视死如归",死就死呗,有什么大不了! 当天下人都置死亡于不顾的时候,还有什么好顾忌的呢? 还有什么事不敢为呢? 后果可想而知。是谁把天下弄得如此糟糕? 国家怎么治理的? 悠悠苍天,情何以堪!

为政者要为天下人营造一个稳定安适的环境,让民众对生活充满希望,憧憬未来,让他们"甘其食,美其服,安其居,乐其俗"。生活美满的时代,人们最珍惜生命。

"恒有司杀者杀。夫代司杀者杀,是谓代大匠斫。"此话分量有多重? 人的生命源于自然,回归自然,任何人无权乱杀人。你怎么能替天行刑呢? 你能代天行刑吗? 那与外行代大匠伐木有什么差别? 张献忠杀人无数,还立碑明志,碑上书有"天生万物与人,人无一物与天,杀杀杀杀杀杀杀!"这就是臭名昭著的"七杀碑"。张献忠太狂妄自大了,草菅人命,随意杀人,把四川人能杀到的都给杀了,造成蜀地空空。满清政府不得不从湖广移民,填补四川。

只听说过能治理出太平盛世,没有听说过能杀出太平盛世。国民党统治时期便是佐证。那时期,白色恐怖笼罩神州大地,司法虚设,军统、中统特务肆意横行,"宁可错杀一千,也不放过一个",千千万万的共产党人,倒在血泊之中,许多爱国民主人士死于非命。国民党围剿苏区,就有上百万群众死亡(国民党内部统计)。面对国民党飞机大炮,苏区人民义无反顾地参加红军。单就兴国县就有30%多青壮年加入红军队伍。是国民党政府把他们逼得无路可走,铁心跟着共产党,要为子孙后代打出一片天下。

秦始皇雄才大略,横扫六国,一统天下。大秦帝国,仅仅存在36年,就昙花一现。原因就在于秦朝暴政,官逼民反,布衣陈胜,揭竿而起,振臂一呼,天下响应。坑灰未冷天下乱,秦人失鹿天下争。也许秦始皇没有读懂《老子》第 8 章,他若读进去了,善待六国人,怎么会二世而亡呢? 正如杜牧所言:"灭六国者,六国也,非秦也。族秦者,秦也,非天下也。嗟乎! 使六国各爱其人,则足以拒秦;使秦复爱六国之人,则递三世可至万世而为君,谁得而族灭也? 秦人不暇自哀,而后人哀之;后人哀之而不鉴之,亦使后人而复哀后人也。"

第六十八章　强大处下　柔弱处上

【帛书】78. 人之生也柔弱,其死也筋朋坚强。万物草木之生也柔脆,其死也枯槁。故曰:坚强者死之徒也,柔弱者生之徒也。是以兵强则不胜,木强则競。强大处下,柔弱处上。

【王本】76. 人之生也柔弱,其死也坚强。万物草木之生也柔脆,其死也枯槁。故坚强者死之徒,柔弱者生之徒。是以兵强则不胜,木强则兵。强大处下,柔弱处上。

【析异】"不胜""灭"、"競""兵"、"折""共"[2]之异。折,弄断、砍断;兵🪓双手挥斧,有砍伐意,符合经义,用共不妥。

【新编】人之生也柔弱①,其死也坚强②。草木之生也柔脆③,其死也枯槁。故曰:坚强者死之徒④,柔弱者生之徒。是以兵强则灭,木强⑤则折。强大处下,柔弱处上。

【注释】① 柔弱:活着的人体柔软,富有弹性。

② 坚强:尸体因失去水分和降温而僵硬。

③柔脆:活着的草本科枝条绵柔。④徒:通类。

⑤ 强、强:前强言不道用兵,霸凌逞强斗狠,后强言木质坚硬枯槁。

【意译】活体柔韧软绵,尸体僵直硬梆。活着的草本植物,枝条绵柔软弱,死亡以后干枯焦脆。所以说:坚硬的东西属于死亡一类的,柔软的东西属于生长一类的。军队过于逞强容易走向灭亡,树木过于刚直容易折断。凡是强大的东西,总是呈现下降趋势,凡是柔弱的东西,都有发展空间。

【品析】本章突出一个柔字。守柔是无为思想内涵之一。老子以独特视角,随手拈来生活中浅显事例,从生物比兴,辐射人类社会:任何逞强行为都是病态,坚强是走向灭亡的开始,柔弱者富有生机,表达“柔顺谦让”“柔弱胜刚强”的哲学观。

为人处事不可强硬,要谦逊要柔和,放下身段,笑脸面世,不争处下,宽容他人,包容他人,必得人缘,处处顺风顺水;若是好充硬汉,逞强好胜,盛气凌人,无理搅三分,必然四处碰壁。俗人往往秉持“人争一口气,佛争一炷香”的观点,老子讲守住柔弱不争强。他认为,人人争强好胜,社会难以安宁,所以老子反复讲守柔处下。

为什么坚强物体预示着衰亡,柔软物体富有生机呢? 水是生命之源,全部信息就藏在“海”字中:水是人类之母。生命离不开水,物体中水分越多越柔软,越有弹性,越富有生命力。水性近道,缺水离道。这不是戏言,是真实写照。

小草柔弱,随风轻轻摆动,风再狂也无损小草。木强,挺拔高耸,风暴一来,折断的是大树,连根拔起的也是大树。人若逞强逞能,容不得他人,四处树敌,正面斗不过你,绕着弯子与你缠,暗中使绊子,让你处处受挫,寸步难行。兵强,好侵犯他国,如二战中的德国、日本法西斯。现在美国兵强,惹是生非,横行霸道;动不动就挥舞制裁大棒,要挟他国;开着航母战斗群炫耀武力,恫吓他国;到处煽风点火,制造混乱,颠覆别国政府,绞杀他国领导人;好话说尽,坏事做绝,衰亡不会太远。“上帝要谁亡,必先让他疯狂”。

“坚强者死之徒”,可从人的德性和个性两个方面解读。为人过于恃强凌弱,欺压他人,处处不饶人,“强梁者不得其死”;为人脾气暴躁,动不动对人横眉怒目,气盛伤肝,又容易得罪他人。要慢慢改,修养品性,笑口常开,温良恭俭让。

　　"强大处下，柔弱处上"，既是结束本篇，也是"反者道之动，弱者道之用"的变式表述，启人心智。任何时候，机械从事与灵活处事相比，高下分明。戒强守弱，安然处顺。中国自改革开放以来，对外有礼有节，大而处下，强而睦邻，抓住了崛起的机遇期；现在强起来了，仍然善下小国，本作和平共处原则，倡导构建命运共同体，一带一路，和谐世界，以乾坤大挪移手法，应对美国七伤拳。文明古国的大智慧，一定能够为世界开创美好的未来。

　　"唐宗宋祖，稍逊风骚"，这是毛泽东主席对宋太祖赵匡胤的客观评价。宋太祖在历史学家眼中的地位不算高。透过几件历史大事，可以洞见他闷闷为政之志，那颗仁爱之心，把强大处下的策略运用得炉火纯青。

　　从陈桥兵变，黄袍加身，到杯酒释兵权，再到他宽待南唐后主李煜，以及不用一兵一卒收服吴越国，立下不杀士大夫文人的规矩，无不彰显宋太祖的怀柔胸襟。

　　赵匡胤平定了南唐，大有一鼓作气吞并吴越之势。深谙唇亡齿寒道理的吴越国王钱俶，意识到国势危于累卵。于是他便带着越国地图，亲自拜见赵匡胤，以示臣服。钱俶名义上要归顺大宋，实乃亲探虚实，依然心存侥幸。他想贿赂朝中大臣以保钱氏江山。活动许久，收效甚微。几个月一晃就过去了，他打算东归。赵匡胤决意放行。大臣们不理解他为什么要放虎归山。宋太祖把钱俶送到国界边时，派人送他一个黄包袱，让钱俶带回。钱俶踏上越国国土，打开一看，脸色吓得煞白。原来黄包袱中装的都是朝中大臣们要求赵匡胤杀钱俶的信。赵匡胤用意很明显：我有心放你一马，你好自为之。你若以兵相抗，我大军就在你家门口，识相者就不要演戏给我看了。心归才是真归，结果是心归。

　　历史学家可能认为他未能将中华一统，南诏国、西藏、新疆、燕云十六州，都未入版图。

　　从黄巢起义到五代十国，再到北宋建国这九十余年大动乱的历史大背景：群雄纷争，生灵涂炭，中原五代八姓十三王，走马灯似交替，列国割据，混乱不堪，全国不过 650 万户，国家到了民穷财尽的境地。在将近一个世纪里(875—960)，处于水深火热之中的华夏子民，渴望太平。赵匡胤从黄袍加身到建立大宋王朝，他深知天下需要什么，当有人把地图展现在面前，指点南诏国地界，建议他趁势出兵收复，他把玉斧一挥，划界而治。行伍出身的皇帝，不以兵强天下，尤其可贵。赵匡义继位，打开国库，发现财富之丰，超出他的想象。据推测，宋太祖想积累财富买回燕云十六州。可惜赵匡义不知兄长意图或不以为然，在位期间把兄长积蓄花去大半。兄长是不是他杀？难脱干系。赵匡胤暴死，有"烛光斧影"语传于后世。

天人合道　天地归正

第12单元，交替论述天道和人道。 天道与人道由不协调，到天人合一，为修道画上了完美句号。

第六十九章　天道和中　人道造极

【帛书】79. 天之道,其犹张弓也。高者抑之,下者举之,有余者损之,不足者补之。故天之道,损有余而补不足;人之道,损不足以奉有余。孰能有余而有以取奉于天者? 唯有道者乎。是以圣人为而弗有,功成而弗居也,若此其不欲见贤也。

【王本】77. 天之道,其犹张弓与? 高者抑之,下者举之,有余者损之,不足者补之。天之道,损有余而补不足;人之道则不然,损不足以奉有余。孰能有余以奉天下? 唯有道者。是以圣人为而不恃,功成而不处。其不欲见贤。

【析异】1. 帛书无"则不然"语,简洁、工整、严谨。

2. "孰能有余而有以取奉于天者""孰能有余而奉天下"之异。"有以取",有心捐助,无意功德;《汉书·郦食其传》中有言:"王者以民为天,民以食为天",传承了老子思想。老百姓是天。"奉天下",泛泛而论,不着边际。全经"天下"一词,帛书出现 50 次,王本 52 次。差在本章和 25 章。谁能有余而济天下呢? 没有那么大家业。取其有余济困准确,取其有余而济天下不现实。

3. "若此",是对"弗有""弗居"的概括,省略也可。

【新编】天之道,其犹张弓也? 高者抑之,下者举之,有余者损之,不足者补之。天之道,损有余而补不足;人之道,损不足以奉有余。孰能有余而有以取奉于天者^①? 唯有道者。是以圣人,为而不恃,功成而不居,其不欲见贤^②。

【注释】① 天者,天指穷苦百姓。

② 其不欲见贤:其,指圣人。从他们的一举一动中,能够清楚看到贤达的品德。

【意译】自然法则,不就像张弓射箭吗? 弦高了压低一点,低了抬高一点,弓拉得太满,放松一点,拉得不足,施力拉满一点。自然规律减少有余的弥补不足的;人制定的法规恰恰相反,剥夺不足,奉养有余。那么,谁能够将有余的拿出来扶贫济困呢? 只有有道的人才能做到。因为有道的人,有作为而不居功自傲,有成就而不显摆,人们完全可以从他们的品行中看到圣贤的品德。

【品析】本章老子将天道与人道对比论述,颂赞天道,心忧人道唯私不公,恃强凌弱,损人利己;天道秉持公道,人道刻意分化,突出天道博大和人道渺小。人应该远法天道,近学圣人。本章主题是守中归一、平等待人、无私奉献的处世理念。

什么是天道? 不深奥,就像人们张弓搭箭那样,高下张弛恰当,对准目标,有的放矢,得扣环中。天道,致中之道,擅长调节,无招胜有招;人道,凌弱助强,怨声载道。天道与人道差距大。人要通过修养,从点滴做起,慢慢接近天道。

天道损有余,弥补不足。圣人载道,只问耕耘,不贪钱财;只讲奉献,无心功德;单行好事,不问前程。大悲无心,大智无惑,大爱无疆,大仁无敌。知进退而不失其正。

"是以圣人,为而不恃,功成而不处,其不欲见贤。"圣人行德,自掩其迹,心不着痕。老子不反对有功之人,反对的是居功自傲的离道做法。道家名流,世乱出山,世安归隐,功成身退。圣人不愿意表现自己,他连表现的念头都没有,不觉得自己圣明。如果认为自己圣明那就不是圣人了。凡是想尽办法成名成圣的人,都不可能成为圣人。

有一天,孔子率众弟子在鲁桓公的宗庙里参观。庙里有一种盛水器物,称作侑卮。孔子见了,特别高兴。脱口而出:"今天真幸运,竟然在这里能够看见这个有趣器物。"一边说着,一边招呼弟子们都过来看侑卮。众弟子迅速围了上来。孔子对身边的一个弟子说道:"你去取些水来,倒入侑卮中。倒着倒着,空而斜的侑卮慢慢地正立起来。继续向里面倒水,水刚倒满,侑卮反而翻倒了。孔子故作失态,表示惊讶万状。他在吸引众弟子注意力,引发大家思考。然后他大声说道:"真奇妙! 难道它在向我们显示如何保持已有成就的道理吗?"子贡疑惑地问道:"请问如何保持已有的成就呢?"孔子回答道:"因为事物到了强盛之后就会走向衰竭,快乐到了极点就会陷入悲伤,太阳到了天正中处就会向西边移动,月亮一旦圆了就开始亏缺。因此,太聪明睿智,就要外显愚昧;见识广博而善辩,就要沉默寡言;果断勇武,就要谨慎行事;荣华富贵,就要厉行节约;恩德施于天下人民,就要谦虚礼让。这五条原则正是先王守住天下而不失的方法。如果违反了这五条原则的话,没有不危险的。"接着孔子又引用了《周易·丰卦》第五十五卦中内容:"日中则昃,月盈则食。天地盈虚,与时消息。而况于人乎? 况于鬼神乎?"弟子们听罢,频频点头,我们受教了。

第七十章　弱之胜强　柔之胜刚

【帛书】80. 天下莫柔弱于水，而攻坚强者莫之能胜，以其无以易之也。柔之胜刚也，弱之胜强也。天下莫弗知也，而莫能行也。是以圣人之言云：受国之垢，是谓社稷之主；受国之不祥，是谓天下之王。正言若反。

【王本】78. 天下莫柔弱于水，而攻坚强者莫之能胜，以其无以易之。柔之胜刚，弱之胜强。天下莫不知，莫能行。是以圣人云：受国之垢，是谓社稷主；受国之不祥，是为天下王。正言若反。

【析异】异在"是谓"和"是为"上，全用"是谓"较好。是谓，是老子用语风格或习惯用语。"是为"，含为之意。

【新编】天下莫柔弱于水，而攻坚强者莫之能胜，以其无以易之。弱之胜强，柔之胜刚。天下莫不知，莫能行。是以圣人云：受国之垢，是谓社稷^①主；受国之不祥，是谓天下王。正言若反。

【注释】① 社稷：管土地的神叫"社神"，管庄稼的神叫"稷神"，土地和庄稼是农耕社会人类生存的两大支柱，社与稷合起来成了国家的代称。

【意译】天下没有什么比水更柔弱的了，而攻克坚硬之物没有能胜过水的。因为水能坚定不移地坚持着前进方向。弱能胜强、柔能克刚的道理，普天下没有人不知道，可就是没有人能够真正做到。所以有道德修为的人曾这样说过："能够为国人忍受屈辱的人，才能成为国家首脑；能够承受各种苦难的人，才能成为天下的君王。"这其实说的是正面意思，而我们往往错把它当作反话来理解。

【品析】本章再次讲水性近道的道理。水至弱至柔，贵在坚持既定方向，顺势而为，势不可挡，无坚不摧；暗示当权者应该无为治国，以柔化刚，休养生息；国君自己受辱是小，换来国泰民安是大；个人受点苦难不要紧，换得国家长治久安是大幸。圣人体道如水，甘愿处于卑下位置，先人后己，高风亮节。

老子极其推崇水性近道，颂扬弱水玄德。"上善若水"已成为千古格言，"天下之至柔，驰骋天下之至坚，无有入无间"，本章又颂赞水攻坚克难的品性。智者乐水，深知水的品性接近大道。水能攻坚克难，在于它能"无以易之"的专一持恒性。滴水穿石，绳锯木断，贵在始终如一，持续不断。水至柔至弱，穿石克刚无往而不胜。

1220 年初春，寒风卷着北国黄沙，扑面而来。一位年过古稀的老人，带着他的弟子们，艰难地行进在漠北的茫茫草原上。这位老人就是全真教第五代掌教真人丘处机。

西行之前，丘处机道袍兜里揣有三位皇帝的召见函：南宋皇帝、大金国皇帝以及蒙古皇帝。丘真人最终选择了生死未卜的西行之路。北方蒙古族威胁最大，最为剽悍，最为血腥，最为凶残。风烛残年的自己，若能为广大黎民百姓换来和平，死而无憾。

一路西行，所见都是黎民泪尽胡尘、尸骨露野、生灵涂炭的凋敝落败之象。为救黎民于倒悬，他一心向西。他要运用道家智慧，劝说成吉思汗，停止杀戮，恢复和平。

这是一次传奇般的见面。丘处机步履稳健地走进了充满肃杀的军帐。向面南而坐的成吉思汗，讲授大道。能让蒙古铁骑大军最高统帅的成吉思汗放下屠刀吗？他心里没有底。

道的博大精深思想，在丘处机的机智运作下，显示出神奇魅力。成吉思汗听进了真言，他人性善良的一面战胜了血腥的一面。成吉思汗下令从中亚撤军，停止了对欧亚各国的侵扰。苦难的黄河两岸，在此后十年里，没有了大规模的杀戮。

从1220—1227的八年中，丘处机12次北上，为一位充满杀戮的草原英雄洗心，他的言行诠释了老子"天下之至柔，驰骋天下之至坚，无有入无间"的真意。

《道德经》五千言，是社会、生活、人生的智慧结晶。"受国之垢""受国之不祥"，是老子纵观历史风云变化作出的哲学概括。纵观古今，许多受后世敬仰或史学家所推崇的侯王或君王，要么是早年由先王刻意送出历练，或出于政治平衡的需要，去他国当人质，吃尽苦头，而有所作为。这方面的史例太多，不必细说。

"受国之垢""受国之不祥"的另一层内涵，更有历史厚重。这类君王，千年孤独，千年受诟。秦始皇苛政劳民，唾骂千秋，但不能诋毁他的历史功绩。他把六国长城连接起来再加固，招来千秋唾骂。在冷兵器时代，若无万里长城，农耕民族的华夏恐怕早就消失在北方游牧民族铁蹄烟尘中了。书生意气，从古骂到今。远有"竹帛烟销帝业虚，关河空锁祖龙居。坑灰未冷山东乱，刘项原来不读书"的诗文，近有郭沫若的《十批书》，痛骂秦始皇。毛泽东认为，在中国历史上，真正做实事的只有秦始皇，他不但政治上统一了中国，而且统一了文字、度量衡，修建四通八达交通网，水陆交通至天涯。毛泽东看了《十批书》，作诗呈郭老：

劝君少骂秦始皇，焚坑事件要商量。祖龙魂死业犹在，孔学名高实秕糠。

百代都行秦政法，十批不是好文章。熟读唐人封建论，莫从子厚返文王。

秦始皇千古一帝，历来被文人所骂，根本原因是秦始皇得罪了当时文人和贵族阶层人士。既是历史的扭曲，也是历史的悲哀。

第七十一章　有德司契　无德司彻

【帛书】81. 和大怨,必有余怨;焉可以为善? 是以圣人执左契,而不以责于人。故有德司契,无德司彻。夫天道无亲,恒与善人。

【王本】79. 和大怨,必有余怨;安可以为善? 是以圣人执左契,而不责于人。有德司契,无德司彻。天道无亲,常与善人。

【析异】1. "焉可以为善""安可以为善""安可以为善,报怨以德"[13]之异。添加"报怨以德"者,未能把握经义的内在联系。"圣人执左契,而不以债于人"的行为就是化解怨恨的行为,就是"报怨以德"。

2. "不以责于人""不责于人"之异。两种表述,反映在对"责"字的理解上。【帛书】表述,指不用债逼人,前后文联系紧密;【王本】把"责"作责怪理解。责、债如今已分,"不责于人"是不责怪人,轻描淡写。责与债,古时为通假字。【新编】把责换成债。

【新编】和大怨①,必有余怨;安可以为善? 是以圣人执左契②,而不以债于人。故有德司契,无德司彻③。天道无亲,恒与善人。

【注释】① 和大怨:和,调和、和解;大怨,怨恨深。用调和手法消除心头怨恨。

② 执左契:握有借据存根。契,契约,借据存根,收债凭证。

③ 彻:饭后把餐具撤走,本义指撤离或撤除。老子时代彻

指税收律法。

【意译】靠事后调和来解决怨仇,是不可能从根本上消除怨仇的。有好的办法吗?（看看圣人行事就明白了）。有道德的人,虽然手中握有借据存根,但不强迫借方还债。有德性修为的人,手握债券契约,像忘了似的;没有德性的人,手持契约,上门逼债。自然法则无偏爱,好像眷顾有德之人,那是因为他们心宅仁厚,应有的福报。

【品析】本章老子以"契""彻"说无为之治与有为之治。老子心目中的理想统治者,无为治天下,休养生息,以道化民,以德服人,"我无为而民自化;我好静而民自正;我无欲而民自朴,我无事而民自富。"老子诚恳奉劝当权者,不可积怨于民,不要人为激化社会矛盾。过重税赋压榨百姓、用刑罚钳制百姓,必然激起民众怨愤。

"和大怨,必有余怨。"结怨太深,仇深似海,想通过简单调和方式就能化解吗? 不可能! 人心险恶难测,道心微妙难明。美国到处结怨,不是不报,时辰未到,时辰一到,一切都报。

人性好怨恨,心理常纠结。无病能呻吟,落花怨东风,落叶悲秋风,人生长恨水长东。

怨无男女之别,无老少之别,无肤色之别,无古今之别,无圣凡之别。圣人也难免无怨。老子是大圣人,他若无怨,五千言中透露出恨铁不成钢的怨言,又如何解释?

金无足赤,人无完人。圣人也非完人,圣人也达不到至善境界。执契约不以债逼人而已,并未毁契,只是境界高于常人罢了。有债不讨不逼,当然是德性善举;无德之人,苦苦相逼,还得起要还,还不起也得还,甚至逼得借债人家破人亡。

冤家宜解不宜结。一不小心就会结怨于人。老子以借贷说事,阐述是否结怨的道理。有余钱财借人,不要以为你有恩于对方。借不借由你,何时还由他。你把契约收藏好,切不可把它当债务,上门苦苦相逼。你若这样做了,必结怨于人。

老子以借贷小事说大事。字面上是说有德与无德之人对待债务态度上的差异,潜台词是讲无为之治与有为之治的境界迥异。契的深层内涵是无为之治。高明的领导者,把握大原则,顺势而为,管理好像没有管理似的,如同扁鹊哥哥治病,治病于未病,世人都以为他医术平庸。"彻"充分揭露了当政者假仁假义的嘴脸,派遣大量税收人员上门,苦苦逼迫百姓交税,弄得天下民怨鼎沸。这种怨恨不是凭嘴上功夫,或鼎上刻文所能解决的,需要当政者有实实在在的惠民政策跟进,让老百姓受益。武王灭商后,周人入主殷都,百姓担忧新国君可能有所作为,忐忑不安。周公发布文告说:"各安其宅,各种其田,无故无新,唯仁之亲。"殷商百姓和旧官员无不拍手称赞。彻字讽刺统治者的无效有为做法。

"天道无亲,恒与善人。"是规劝当政者呢?还是间接谩骂当政者呢?上苍有好生之德,对谁都一样。不因为你每年隆重祭祀就能免祸得福,也不因为谁穷得叮当响,无法祭祀就降祸于他。祸福无门,唯人自召;善恶之报,如影随形。为政者应该积德行善,关心民众疾苦,不要为富不仁,不要倒行逆施,不要离道行事。老天不会怜惜蛇蝎心肠之人。

有人的地方就有江湖,有江湖的地方就有争斗。如果不懂得宽容就难免要处处树敌,寸步难行。老子认为,不记旧怨还不是宽容的最高境界,真正懂得宽容的人放弃报复对手的想法,诚恳大度待人,人与人和谐相处。

第七十二章　抱朴守拙　安居乐俗

【帛书】67. 小国寡民。使有十百人之器而不用，使民重死而远徙。虽有舟车，无所乘之；虽有甲兵，无所陈之。使民复结绳而用之。甘其食，美其服、安其居、乐其俗。邻国相望，鸡犬之声相闻，民至老死，不相往来。

【王本】80. 小国寡民。使有什伯之器而不用，使民重死而不远徙。虽有舟舆，无所乘之；虽有甲兵，无所陈之。使民复结绳而用之。甘其食，美其服、安其居、乐其俗。邻国相望，鸡犬之声相闻，民至老死，不相往来。

【析异】"远徙""不远徙"之异。"远徙"与"守静"的哲学思想一脉相承，"不远徙"，不停迁徙，与守静思想相悖。

【新编】小国寡民。使有什伯之器①而不用，使民重死而远徙。虽有舟车，无所乘之；虽有甲兵，无所陈之。使民复结绳而用之。甘其食、美其服、安其居、乐其俗。邻国相望，鸡犬之声相闻，民至老死，不相往来。

【注释】① 什伯之器：十人为什，百人为佰，指十倍、百倍人力的新式器械。

【意译】(这里被高山大川分割，偏僻闭塞)，弹丸小国，人烟稀少，地域狭小，即使有先进生产工具也派不上用场。这里山高谷深，沟壑纵横，险象环生，民众贵生，终老不离故乡。虽然有交通工具，却派不上用场;虽然有兵器,却无操练场地。这里交通闭塞,文化教育落后,人们仍然使用原始工具,但是,这里古风尚存,饮食可口,服饰精美,住居安逸,习俗怡人。邻国相望,鸡鸣狗叫声可闻,民众直到老死都不相往来。

【品析】本章历来备受学者诟病,嘲讽老子钟情小国寡民,保守怀古,抛弃文明,开历史倒车。认为小国寡民是老子无为理念所追求的目标。老子胸襟博大,国无大小之别,人无贵贱之分。老子的理想社会是:天人合一。

杨国庆说:"'小国寡民'是老子治国、平天下的重要思想理念的集中反映。"[13]

王蒙曾说:"'小国寡民'理想的实质,反映了没落贵族阶级知识分子在社会经济发展洪流和新生事物面前的消极退缩心情,设想了一个小乐园作为他们逃避各种现实斗争的避难所……显然是想为时代开倒车"[8]。

雅瑟说:"他用淡然的笔墨,着力描绘了'小国寡民'的农村社会生活情景,表达了他的社会政治理想。老子面对急剧动荡变革的社会现实,感到一种失落,便开始怀念远古蒙昧时代结绳记事的原始生活,这是一种抵触情绪的发泄。"[14]

大开大阖五千圣言,只为打造小国寡民模式,太矮化老子了。弹丸之地,国民无几,有什么前途? 小国命运操纵在大国手中,夹缝中生存的滋味不好受,民众生活必堪忧。学者们分析若对,那么"大国以下小国则取小国;小国以下大国则取大国。故或下以取,或下而取""治大国若烹小鲜"等系列论述该如何解释?《老子》很多篇章讲治理大国方略,仅在 61 章有"小国以下大国,则取于大国"一语,言及小国,独有本章陈述小国原生态生活风貌,就认定小国寡民是老子无为理想之国,理由充足吗? 以小人之心,度君子之腹,浅薄无知。

小国生命力脆弱,自然界优胜劣汰,社会生态也不例外。据说,老子在楼观期间,秦国上层人物曾向老子咨询过秦国前景,老子预言秦国将会拥有天下。老子并非神明,他是根据历史演化进行推测,作出正确判断的。秦人从替周室养马,到戍边有功,到护送周平王东迁,到驱逐西戎收复周室西部失地还给周室,逐渐发展壮大的。小国寡民果真是老子憧憬的乌托邦,他就不会把秦国将会统一天下的预判告诉秦人。

为什么老子在结束大作前,要写上本章?是老子惋惜痛爱真情的流露。小国那种清静、闲适、淳朴的田园生活,应该是老子亲眼所见。老子从中原来到西部山区,少数民族的风土人情、恬静生活方式,一定对老子触动很大。(如同现代城中人去西部旅游见到少数民族风土人情。)老子被亲眼所见民族风情所触动,对落后状况感到震惊。也许老子真的见到了少数民族结绳记事的原生态。偏僻边陲,民众结绳记事完全可能。唐兰在《中国文字学》中说:"直到北宋以后,中国南方溪洞蛮族,还有结绳记事。"居地被高山、深谷、江河切割,开门见高山,低头见深谷,舟行不得,车驰不了。老子渴望执政者发发慈悲,保留下这原生态群落,帮助他们脱贫,走出愚昧,融入文明社会。

老子伫立楼观草庐,听着茅檐滴水声,心潮起伏,悲悯之情油然而生。天下大势,浩浩荡荡,兼并之战愈演愈烈,诸多小国将会淹没在滔滔历史洪流中,许多少数民族文化和民俗将会泯灭,许多宝贵文化遗产将会荡然无存。在某个宁静之夜,在黯淡的灯光下,老子以素描形式刻下这篇西部山区村民原生态生活情景。

道生万物,既有恒星,也有行星;既有高山,也有峡谷;既有大海,也有小溪;既有大树,也有小草;有道圣人"执一为天下牧",让大小国和谐共存。本章宜理解为:老子认为天下归一,是大势所趋,但要尊重民族风俗,保留少数民族特色,允许民族自治。大道不弃万物,泰山不弃抔土,圣主不弃子民,天子不弃小国。

本章经义可这样解读:天下统一之后,天子要有悲悯情怀,尊重各民族风俗,保留少数民族特色。民族风情、文化、宗教、图腾,差异巨大,强行统一,不合道。这应该是老子的慈悲心声。大悲者才有大爱,大智者才有贵言,千年孤独,千年受垢。

　　老子所向往的是那种清静恬淡、自在闲适的生活方式,与国家大小无关。天下大势,浩浩荡荡,顺之者昌,逆之者亡。寸有所长,尺有所短。凫胫虽短,续之则忧;鹤胫虽长,断之则悲。天不私覆,地不私载,万物兴矣!一花独放不是春,万花齐放春满园。老子可能在建言:适当保留些特色小国,允许地方自治。像如今的自治区、自治州、自治县。

第七十三章　天道不害　人道不争

【帛书】68.　信言不美,美言不信。知者不博,博者不知。善者不多,多者不善。圣人无积,既以为人己愈有,既以予人矣己愈多。故天之道,利而不害;人之道,为而弗争。

【王本】81.　信言不美,美言不信。善者不辩,辩者不善。知者不博,博者不知。圣人不积,既以为人己愈有,既以与人己愈多。天之道,利而不害;圣人之道,为而不争。

【析异】1."善者不多""善者不辩"之异。"善者不多"与"圣人不积"呈因果关系。善者乐善好施,圣人视钱财如粪土。"稀言自然",老子不会把"辩"写入经文的。

2."人之道,为而不争""圣人之道,为而不争"之异。人是属概念,圣人是种概念,加"圣"字,境界太窄。人人为而不争,才是宏道者所要追求的目标。安庆市潜山天柱山逍遥洞中,有汉代石刻经文,与帛书一致。

【新编】信言不美,美言不信。智者不博,博者不智。善者不多,多者不善。圣人不积,既以为人己愈有①,既以与人己愈多。天之道,利而不害;人之道,为而不争。

【注释】① 既以为人己愈有,既以与人己愈多:为是帮助,与是给予。给予,不单纯物质方面,包括思想、良言、行为等。圣人替天下人做事,不计较得失,从中获得经验,丰富了人生阅历,提高了自身道德修养。老子认为,给就是得。

【意译】真实的话未必令人心情愉悦,讨人欢心的话未必真实;大智慧的人未必百事通,百事通的人未必有智慧;善人不看重钱财,积蓄不多,富可敌国的人,不是善良之辈。有道德的人不需要保留什么,帮助别人,觉得自己更富有;给予别人,觉得自己更充盈。自然运转,总是有利万物而不伤害万物;世人行事,应该勤劳不辍,不与人争权夺利。

【品析】本章为世本《老子》的收官之作,也是经义收官之笔。

老子为人类绘制了一幅理想社会蓝图,也为《道德经》画上了完美句号。前文一组排比句,道出修道至高准则——真善美。告诫修道者,要用信言、善行、真知充实自己,力求做到真善美和谐统一;接着论述治世要义,效法天道,无为治世,天下为公,把握道的真义和人生真谛。

老子以"信言不美,美言不信;智者不博,博者不智。善者不多,多者不善"作尾篇开局,意味深长。我的讲座就要结束了,明知不可说,可我还是说了。我说了不可说的东西,是不是有点怪? 我若不说这个不可说,谁知道它不可说呢? 我说了这个不可说,岂不成了可说的吗? 该说的我都说了,我说的都是信言,经得起历史检验。信言无需乔装打扮,大家听了觉得不顺耳就对了!"信言不美""正言若反",各位道友按我说的去做,修身、养生、处世、治国,都管用。天有道,不私覆;地有道,不私载;圣有道,不私积。大道精妙,尽在其中。

我将继续西行,你们按我所说法则行事,能走多远,全凭各人造化。我走之后,还会有人再来传道的。他们或自立门户,或打我的旗号,或说得到我的真传,甚至有人说是我的化身,我管不了。是福由他享,是祸由他当。请记住我的忠告:善辨真伪最重要。

如果一味认定"信言"都是不美的,"美言"都是不可信的,"智者"

都是不博的,"博者"都是不明智的,就过于偏激和片面。老子只是有所侧重,提醒人们要善辨真伪,要辩证地看待问题。"听其言,观其行"。同样一句话,出自不同人的口,目的不一样,得看具体行为。

老子用诗一般语言开篇,将真善美呈现出来,希望人们能够正确掌握,提升自己对世间事物的洞察力、判断力和决断力,不断完善自身德性修为,向圣人看齐。圣人之所以为圣人,就在于圣人善于修道、行道:自明不自见、自爱不自贵、为而不争、被褐怀玉、忍辱、受诟、守柔、处弱、善下、燕处超然、以百姓心为心、恒善救人、去甚、去奢、去泰……

老子是大圣人,把毕生精力投入到真理探索中,晚年又将怀揣的美玉奉献给世人,将自己的智慧留给后人,泽被天下,恩泽千秋。几千年来,崇拜老子、追随老子的人,绵绵不绝。"圣人不积,既以为人己愈有,既以与人己愈多"就是老子处世为人的真实写照。老子贫穷,唯一资产就是代步青牛,但是他的精神财富是无穷的。拯救了多少扭曲的灵魂?校正了多少人的人生航向,为世人打开了智慧的源泉。《老子》天下篇,管用千万年。

老子以"道,可道,非恒道;名,可名,非恒名"訇然开篇,以"天之道,利而不害;人之道,为而不争"完美收官,首尾呼应,千古绝唱!既是老子为人类社会奉献的心灵鸡汤,也为追随者们指明了方向:天人合道,世界大同。将人道"损不足而捧有余"的德性,转化为"为而不争",就是弘道所要努力实现的目标,也是老子晚年砥砺前行的目的。足见道家始祖积极入世、奉献社会的大爱情怀。本单元经文是对"道家消极遁世"庸俗观的讽刺。

第七十四章　圣人孤独　被褐怀玉

【帛书】72. 吾言易知也，易行也。而天下莫之能知也，莫之能行也。夫言有宗，事有君。夫唯无知也，是以不我知。知我者希，则我者贵。是以圣人被褐怀玉。

【王本】70. 吾言甚易知，甚易行。天下莫能知，莫能行。言有宗，事有君。夫唯无知，是以不我知。知我者希，则我者贵。是以圣人被褐怀玉③。

【析异】"夫唯无知也"语中"也"字不宜删除。此也，作感叹词用，加重论述力度。【新编】以本章作为《老子》收官之章，从论道讲座的逻辑出发，合乎情理。

【新编】吾言甚易知，甚易行。天下莫能知，莫能行。言有宗①，事有君②。夫唯无知也，是以不我知。知我者稀，则我者贵。是以圣人被褐怀玉③。

【注释】① 言有宗：言论有根据，经得起考验。

② 君：本义指位高权重，一言九鼎，喻指行事合道。

③ 被褐怀玉：褐，植物染料色彩。衣着普通，怀揣美玉。喻指身怀绝学或绝技。

【意译】我的话语容易理解，容易践行。可天下人没有真正理解，没有人坚持用我的法则行事。我的言论，有根有据，道理浅显，主题鲜明，行事合乎天道。人们不是不懂其中道理，就是不肯下功夫学道,不肯按我说的去做,与我渐行渐远。能理解我的人很少,能够按照我说的法则去做的人,少之又少,因此,我传授的大道更显得珍贵。我由衷敬佩得道之人的伟大品格,他们看上去与布衣之士没有差别,但是他们却拥有大智慧,身怀绝学,渴望独著慧眼的人能够发现他们,服务社会。

【品析】闲人从传道讲座角度着墨,把本章视为经文后记,放在《道德经》中间不妥,本章所述,应该针对《道德经》前七十三章所言。

"吾言甚易知,甚易行。天下莫能知,莫能行。"字字千钧,扣人心弦,发人深思。老子发肺腑之言,叹心底之慨。将弘道大任,寄托于道友。

可以想象,结束《道德经》讲座的老子,在某个夜晚,坐在写经洞那盏昏黯油灯前,思前想后,太学馆讲授大道的场景,历历在目。我创立的大道学说,天下诸侯,无人不知晓,他们不是束之高阁,就是充耳不闻。老子感慨万千,凝成本章心语。我的系列治国方略、政治主张,道理浅显,容易理解,容易实施,就是没有人肯实践。令人心寒。

究竟是"知难行易"还是"知易行难"? 科学是知难行易,修道是知易行难。科学道理不易被一般人掌握,一旦掌握了去做比较容易;修道刚好相反,道理浅显,做起来容易,难在持之以恒。"为无为,事无事,味无味",说起来容易,做起来困难。老子的话语,浅显易懂,谁都能做到,可就是做不到。"天下莫能知,莫能行。"原因是人们,眼高手低,心贪身懒。所以,老子在结束全经之后,坦诚感言,汇成此文。

老子空有古道心肠,信言简明,执政者无心钻研,令他感慨。老子的话语,通俗易懂,喻体贴切,有根有据,合乎大道,观念逆世。大道至简,理应被接受,被推广,执政者就是不接受,令老子心忧。问题出在哪? 出在观念和心态上。当权者心情浮躁,急功近利,贪心不足。"服文采,带利剑,厌饮食,财货有余",不可救药!

一句"圣人被褐怀玉",几多心酸、几多感叹、几多惆怅? 是说圣人? 还是老子自我写照? 执政者对我推崇的大道,无动于衷,他们利欲熏心，如苍蝇逐臭，我已被这个物欲横流的社会边缘化了。我是同流合污呢？还是继续弘道呢？宁可粗茶淡饭一辈子，也要弘道！"我独异于人，我贵食母。"

悠悠苍天，可怜苍生？大道泛兮，何时深入人心？修路幽蔽，道远忽兮。被褐怀玉，安适归矣？

越是简单的东西，往往被人弄得很复杂。大道至简，我义务授道，置之不理，却醉心于陈词滥调，真是不可思议。简单问题复杂化，是世人的通病。20 世纪 60 年代美国科学家想研制一种在太空失重情况下使用的太空笔。为了研究在太空环境下圆珠笔能出水，竟使科研机构花费了 100 亿美元，也无结果，不得不向全球发出征集启事。方案无奇不有，一一被否定。有一天收到了一位德国小学生寄来的包裹，上面写着一行字："能否试试这个？"打开一看，竟然是铅笔，解决了航天上的难题。

2008 年深秋，因天气变化，学校运动会提前举行，我不得不将配好的氢氧化钾醇溶液搁置起来，改日再做乙醇性质的学生实验。三天后，当我领着学生走进实验室时，意料外的事情发生了。无色的氢氧化钾醇溶液全都变成了棕黄色。不得不取消当天实验。

原以为是实验员配制溶液时混进了杂质，他说不是。于是，我取来试管，洗净后注入 20 毫升分析纯乙醇，加入过量分析纯氢氧化钾固体，塞上橡皮塞，带回放在办公室。第二天稍有颜色变化，一周后变为深棕色，用激光手电筒照射，能够看到清晰的光束。

反复思考，提出了一些想法。将样品交给一位学生，让她带回（她母亲是浙大有机博导），请求帮助检测一下是否有我设想的物质存在和可能原因。答复是：物种复杂，原因不明。2009 年春，我借全国化学特级教师年会在我校召开之际，把样品让老同学特级教师李友银带回合肥，请中科大教授给予帮助。数月后回复是：弄不清楚。

2012 年一天，一个闪念跳了出来：氧气介入。酒是陈的香就是乙醇被氧化的结果。立即进行系列对比实验。实验结果证明，碱性乙醇溶液变色是氧气氧化引起的。

面对困难或问题，一时找不到破解办法，往往会使人陷入自我设置的圈套，把原本简单问题复杂化，理不出头绪。

圣人云水襟怀，恕我率性，编著《新编》，稽首道德天尊。

参考书

[1]《帛书老子校注》　　　高明　　　中华书局　　　1996 年 5 月
[2]《老子道德经河上公章句》　河上公　　中华书局　　　1993 年 8 月
[3]《中国道教史话》　　　孔令宏　　河北大学出版社　1999 年 10 月
[4]《老子他说》　　　　　南怀瑾　　复旦大学出版社　2009 年 6 月
[5]《老子他说续集》　　　南怀瑾　　东方出版社　　　2010 年 6 月
[6]《道德经新解》　　　　诚虚子　　济南出版社　　　2006 年 11 月
[7]《道德经大全书》　　　司马哲　　中国长城出版社　2007 年 10 月
[8]《老子的帮助》　　　　王蒙　　　华夏出版社　　　2009 年 1 月
[9]《细说老子》　　　　　傅佩荣　　上海三联书店　　2009 年 1 月
[10]《老子点津》　　　　　季旭升　　广西人民出版社　2009 年 2 月
[11]《道与人生》　　　　　剑楠　　　吉林大学出版社　2010 年 7 月
[12]《道德经大全集》　　　雅瑟　　　新世界出版社　　2011 年 3 月
[13]《品悟老子》　　　　　杨国庆　　中国长城出版社　2012 年 7 月
[14]《老子·庄子》　　　　任犀然　　中国华侨出版社　2015 年 7 月
[15]《曾仕强详解道德经》　曾仕强　　民主与建设出版社 2016 年 7 月
[16]《庄子全集》　　　　　雅瑟　　　新世界出版社　　2010 年 10 月
[17]《毛泽东遗物故事》　　夏佑新　　湖南少年儿童出版社 2010 年 12 月
[18]《禅是一枝花》　　　　拈花微笑　新世界出版社　　2011 年 8 月
[19]《易经的奥秘完整版》　曾仕强　　北京华文书局　　2017 年 7 月
[20]《时空的密码》　　　　李新洲　　上海科学技术出版社 2008 年 8 月
[21]《太极生命初探》　　　俞森会　　东方潮出版社　　2018 年 7 月
[22]《老子讲读》　　　　　许结　　　人民文学出版社　2018 年 8 月
[23]《真实的毛泽东》　　　李敏　高风　中央文献出版社　2019 年 4 月第 2 版
[24]《甲骨文字典》　　　　陈年福　　四川辞书出版社　2020 年 3 月
[25]《老子校注新章》　　　胡列扬　　中国文化发展出版社 2020 年 7 月
[26]《老子今研》　　　　　裘锡圭　　中西书局　　　　2021 年 3 月

图书在版编目(CIP)数据

老子新编/胡列扬编著. —上海:上海三联书店,2023.10
ISBN 978 - 7 - 5426 - 8156 - 0

Ⅰ.①老…　Ⅱ.①胡…　Ⅲ.①《道德经》　Ⅳ.①B223.1

中国国家版本馆 CIP 数据核字(2023)第 120354 号

老子新编

编　　著 / 胡列扬

责任编辑 / 董毓玭
装帧设计 / 徐　徐
监　　制 / 姚　军
责任校对 / 王凌霄

出版发行 / 上海三联书店
　　　　　(200030)中国上海市漕溪北路 331 号 A 座 6 楼
邮购电话 / 021 - 22895540
印　　刷 / 上海展强印刷有限公司

版　　次 / 2023 年 10 月第 1 版
印　　次 / 2023 年 10 月第 1 次印刷
开　　本 / 640 mm×960 mm　1/16
字　　数 / 270 千字
印　　张 / 20.75
书　　号 / ISBN 978 - 7 - 5426 - 8156 - 0/B·852
定　　价 / 88.00 元

敬启读者,如发现本书有印装质量问题,请与印刷厂联系 021 - 66366565